並列コンピュータ
非定量的アプローチ

天野 英晴 [著]
Hideharu Amano

PARALLEL COMPUTER ARCHITECTURES -
A Non-Quantitative Approach

Ohmsha

はじめに

本書の目的と構成

　現在、IoT や家電などに使われる小型のマイクロコントローラ以外の
ほとんどのコンピュータは並列コンピュータになっている。いまやコン
ピュータ≒並列コンピュータである。人工知能（AI）技術だって並列コ
ンピュータの上に構築されており、多数のコアを持った並列コンピュータ
の一つである GPU はクラウドにおける AI の学習をほぼ制し、自動運転
への進出を狙っている。対抗して Google、Microsoft、Amazon は AI 用
の独自の並列コンピュータを開発している。それにも関わらず、並列アー
キテクチャや並列処理技術は、大学でもかなり専門教育になるまで教えな
いし、それもコンピュータの授業の最後の 1、2 時間で少しだけ教える場
合が多い。

　これは並列コンピュータが、基本的にはコンピュータの集合体で、こ
れを学ぶには、単体のコンピュータが理解できていなければならないと
考えられているからだ。もちろん、CPU、メモリ、キャッシュなどのコ
ンピュータの本当の基本はわかっている必要があるが、パイプライン、複
数命令同時発行、動的スケジューリング、分岐予測、投機実行などの技術
は、並列コンピュータを理解する上でほとんど関係ない。現在の多くの学
生にとって、シングルプロセッサのアーキテクチャの詳細を学ぶよりも、
本書で紹介する並列コンピュータを理解するほうが重要である。

　本書は、コンピュータの基礎を学んだ学生や過去に学んだけれど現在の
状況を知りたい方を主な読者対象として、並列コンピュータの構成とプロ
グラミングをできるだけわかりやすく解説することを目的としている。本
書の構成は以下のようになっている。

　第 1 章　並列コンピュータとは　並列コンピュータをつくる目的、克
服しなければならない課題、なぜ 2003 年まで普及しなかったのか、など、
基本的な考え方を紹介する。

第2章　集中メモリ型並列コンピュータ　現在ノート PC からスマートフォンまで、身近なコンピュータはほぼすべてマルチコアと呼ばれる集中共有メモリ型を取る。コア間接続、スヌープキャッシュを紹介する。

第3章　共有メモリを用いた並列プログラム　不可分命令、バリア同期などの同期手法を紹介し、OpenMP による並列プログラムを演習する。

第4章　分散共有メモリ（NUMA）　サーバで用いられる分散共有メモリ型並列コンピュータのディレクトリキャッシュ管理手法、メモリコンシステンシィモデルを紹介する。

第5章　クラスタ・NORA（NORMA）　共有メモリを持たないクラスタについて紹介し、MPI を用いたメッセージパッシングによる並列プログラムを演習する。

第6章　相互結合網　代表的な直接網、間接網、パケット転送方式、ルーチング手法を紹介する。

第7章　アクセラレータ　将来のコンピュータアーキテクチャは領域に特化して性能を発揮するアクセラレータが中心になるだろう。GPU のアーキテクチャを紹介し、CUDA による並列プログラミングを演習する。さらに、AI 用のアクセラレータ、アクセラレータとしての FPGA を紹介し、最後にスーパーコンピュータに触れる。

書名について

　本書は、筆者が執筆し、1996 年に昭晃堂から発行された『並列コンピュータ』［天野 96］と同じ主題を使っているが、内容は完全に違っている。1996 年版は昭晃堂が解散して絶版になってしまったため、本書の付録としてオーム社の Web サイトに PDF をおいた（以降，Web 資料と呼ぶ）。相互結合網の解説などは本書よりもマニアックに書かれているし、ほかの部分も歴史が感じられて興味深いと思われるので、ぜひ参照してほしい。本来、「並列コンピュータ」という呼び方は学術的ではないのだが、1996 年版への愛着からこの主題を採用した。

　次に本書は「非定量的アプローチ」という副題を付けてある。これはコンピュータを学ぼうという方には言うまでもなく、ヘネシー（J. L. Hennessy）とパターソン（D. A. Patterson）による名著『コンピュータアーキテクチャ　定量的アプローチ』（通称「ヘネパタ」。最新版である第

6版は筆者らが翻訳）[HP17] のもじりである。ヘネパタは、コンピュータの設計の指針として「定量的アプローチ」を掲げている。これによるとコンピュータの設計は、実用的なプログラムを実行した評価に基づき、コスト、性能、電力を定量的に測定することを通して行わなければならない。

　この定量的アプローチは絶対的に正しい。ヘネパタと、この初学者版である『コンピュータの構成と設計』（通称「パタヘネ」）[PH17] は、30年にわたって、コンピュータアーキテクチャの定番教科書として君臨している。定量的アプローチをとる以上、コンピュータを解説しようと思ったら膨大な現実的データが必要であり、しかも定期的に版を改める必要がある。ヘネパタは、超人的な努力と周辺のサポートにより、これを可能にしている。しかし、そんなことは普通の研究者にはできないから、この分野で本格的な教科書を書くことは事実上不可能になってしまった。このため、ハードウェア記述言語によるコンピュータの設計を中心としたハリス＆ハリス（D. M. Harris and S. L. Harris）の『ディジタル回路設計とコンピュータアーキテクチャ』（これも筆者らが翻訳している）[HH12] を除いて、ごく簡単な解説書以外はコンピュータアーキテクチャの教科書はなくなってしまっている。

　ところが、現在のコンピュータは CPU の構造もメモリシステムも複雑で、性能と電力を評価する場合、そのコンピュータのどの部分がどのように性能に影響するかを明示することが難しい。たくさんのグラフを見せられてもその意味を解釈するのに苦労する。このため、ヘネパタは版を重ねるごとに、すっきり納得がいかない部分が多くなっている。

　一例を挙げると、ヘネパタ第 6 版で筆者が翻訳した 1.10 節の図 1.20 は評価対象の三つのマシンの仕様を詳細に示した表であり、図 1.21 がその評価結果である。ところが、図 1.20 に示す仕様と図 1.21 の内容が一致しない。それもそのはずで、図 1.20 は編集ミスにより第 5 版の表がそのまま使われており、評価結果と解説のみ更新されていたのだ。このことはさぞインターネット上で話題になっていると思って検索してみたが、見当たらない。原著出版社に問い合わせて 3 か月掛けてようやく正しい表をもらって、日本語版は正しい内容にすることができた。多分、原著のほとんどの読者は、このグラフの意味を深く考えずに読み飛ばしたか、不審に

思ってもどうでもいいやと考えたのだろう。

　そこで、本書は、定量的アプローチを取らず、グラフを一つも載せていない。構造と動き方、課題がどこにあってどのように解決し、どのように使うか、だけをなるべくわかりやすく書いた。ざっくりとした性能、電力の数値を知ることは重要なので、この点はなるべく載せた。言うまでもなく、こういう態度は「定量的アプローチ」からは忌むべきことである。申し訳なく思い、このような副題を使っている。

ざっくりとした指標

　本書では、上に述べた非定量的アプローチに基づき、以下のざっくりとした指標を使う。

　○ FLOPS（FLoating Operations Per Second）　1秒間に実行可能な浮動小数点演算数。最近のアクセラレータ（第7章）のGPUは、100G（ギガ：10の9乗）FLOPSから1T（テラ：10の12乗）FLOPSの演算性能を実現する。2019年現在、最速のスーパーコンピュータは148.6P（ペタ：10の15乗）FLOPSの性能を実現する。ヘネパタで指摘されているように、各種演算の重みが適切に反映されているとは限らず、目安に過ぎない。

　○ OPS（Operations Per Second）　1秒間に実行可能な積和演算回数。信号処理、画像処理、AIにおける畳み込み演算などの指標に用いられる。第一世代のTPU（第7章）は86TOPSである。

　本書に出てくる数値は、すべてざっくりとした指標である。電力、メモリのビット数、FPGAのゲート数なども2019年の一例である。しかし、これらを認識しておくことは必要である。

　おわりに本書の校正に当たって数多くの間違いを見つけてくれた河野隆太博士、小島拓也君、飯塚健介君、丹羽直也君に感謝します。

2020年8月

天野英晴

目　次

第5章　クラスタ・NORA（NORMA） **79**

第6章　相互結合網 **93**

| 第7章 | アクセラレータ .... *123* |

第1章

並列コンピュータとは

What is parallel computing?

1.1 並列コンピュータとは何か？

　並列コンピュータは、複数のコンピュータあるいはその主要部が、データを交換しながら協調して動作するコンピュータの構成方式である。現在では、サーバやデスクトップ、ノート PC などの本格的なコンピュータはもちろんのこと、スマートフォンやゲームマシンに内蔵されているコンピュータまで、すべてが並列コンピュータである。クーラーや電気釜などの家電に組み込まれているごく簡単なコントローラを除いて、世の中のほとんどすべてが並列コンピュータになってしまった。本書は、並列コンピュータがどのような原理で動作し、どのようにデータを交換し、どのように協調して動作し、どのように並列コンピュータをプログラムするのか、を解説していく。

　並列コンピュータの構成単位は、

- 単独で動作可能なコンピュータであるもの
- 中央処理装置（Central Processing Unit：CPU）だけのもの
- CPU にキャッシュと呼ばれる高速メモリが付いたもの

などさまざまであるが、とにかく独立に演算を実行する能力を持っている。ここでは、この構成単位を**プロセッサ**あるいは**コア**と呼ぶ。本来、コアと呼ぶのは半導体チップ上に複数プロセッサが搭載されている場合に限られるのだが、最近では、このような状況がほとんどなので、プロセッサ＝コアと考えてよい。

並列コンピュータはプロセッサの集合体であるため、本書を理解するには、もととなるコンピュータアーキテクチャの知識、プログラミング言語であるC言語の知識を必要とする。しかし、並列コンピュータは今日とても広く普及しているため、なるべく多くの読者に伝わるようにしたい。そこで、必要な際には復習を交えながら初学者でも理解できる解説を試みる。

1.2　なぜ複数のプロセッサを持つのか?

1.2.1　みんなで働けば速くなる

　複数のプロセッサを持つ第一の理由は単純で、「みんなで協力して仕事をすれば速くできるから」である。同じ能力を持つ p 台のプロセッサに対して、同時に処理可能な等しい量の仕事をやらせれば、実行時間を $1/p$ にすることができる。しかし、そんな理想的なことは滅多に起きない。これは並列に実行するためには、以下に示すような一定の損失を伴うからだ。

① **並列性の制限**：多くのプログラムは完全に並列に実行することはできず、必ず逐次的に実行しなければならない部分（あるいは並列に動けるプロセッサ数が減る部分）を含んでいる。

② **負荷分散の偏り**：すべてのプロセッサに対して同じ量の仕事を分散できないかもしれない。このときは一番重い仕事を受け持ったプロセッサの処理時間が全体の処理時間になってしまう。

③ **データ転送と同期**：協調して仕事を行うためには、自分が処理したデータを他人に送り、他人から結果を受け取る必要がある。データの授受のためには足並みを揃える必要があり、これを**同期**と呼ぶ。計算それ自体に必要な時間に加えて、データの転送時間と同期時間が必要になる。

　並列コンピュータに取ってどれも本質的な問題だが、①の問題が最も本質的である。

　ここで、一つのプログラムに対応する仕事を**ジョブ**と呼び、この一つのジョブを複数のプロセッサで実行する場合を考える。並列に実行するためには、コンパイラあるいはプログラマの指定により、ジョブを複数の実行単位に分割する必要がある。この実行単位をタスク、プロセス、スレッド

などと呼ぶ。それぞれの用語はいろいろな用途で使われてややこしいのだが、ここではこのような並列性を**タスクレベル並列性**と呼ぶ。一方、大規模な配列を取り扱うプログラムでは、ほとんど同じ処理を大量のデータに対して実行する場合がある。このような並列性を**データレベル並列性**と呼ぶ。

　並列コンピュータは、この並列性をさまざまな形で利用して、高速な実行を目指す。しかし、当然ながらそれには限界が存在する。これは、有名な**アムダールの法則**（Amdahl's Law, **図 1.1**）で説明される。いま、単純化して、あるプログラムの実行時間のうち x の割合は完全に並列に実行でき、残りは逐次的しか実行できないとする。この場合、p 台のプロセッサを用いた並列処理による性能向上は次の式で表すことができる。

$$\frac{1}{(1-x) + x/p}$$

　ここで、x/p は p 台で並列実行した部分を指し、$(1-x)$ は逐次的に実行されるため、性能向上できない部分である。

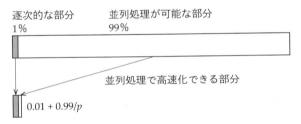

- いくらプロセッサ数 p を増やしても 100 倍以上にすることはできない
- 高速化の効果はそれが可能な部分の割合によって制限され、多くの並列処理にとっては限界になる

図 1.1　アムダールの法則

【**例題 1.1**】完全に並列処理可能な部分が 95％あり、残りの 5％は逐次処理する必要があるプログラムについてプロセッサ数が 10, 100, 10000 として、それぞれ性能向上を計算せよ。

解説　$x = 0.95$ としてアムダールの法則の式に当てはめる。$1 - x = 0.05$ は常に変わらず、0.95 の部分が p が増えるとともに小さくなっていく。10

台ならば6.9倍、100台ならば16.8倍、10000台では19.9倍となる。当たり前だがいくらプロセッサ数を増やしても、性能向上は20倍を超えることができない。

　処理の総量が決まっている場合に、プロセッサ数を変化させて性能を測ることを**ストロングスケーリング**と呼ぶ。ストロングスケーリングを行う場合、逐次的な処理が少しでも存在すると、プロセッサ数を増やしてもある程度以上の効果は得られない。そうは言っても、問題を解くためには最初にデータを配るとき、終了時に答えを収集するときなど、どうしても並列にできない部分があり、完全に並列処理ができる問題は現実的ではない。この場合、アムダールの法則の教えるところにより、性能が向上可能な限度は並列処理が適用できる割合に制限され、いくらプロセッサ数を増やしても性能向上は期待できない。この様子は図1.1に示したとおりである。

　では、スーパーコンピュータなど100万を超えるプロセッサを持つ並列コンピュータをつくるのはなぜなのだろう？　当たり前のことだが100万を超えるプロセッサを持つスーパーコンピュータが解くのは、その規模にふさわしい巨大なスケールの問題に限られる。プロセッサ単体の解く量を決めて、プロセッサ数に応じて全体の仕事量を変化させて性能を測ることを**ウィークスケーリング**と呼ぶ。例題1.1を少し変えてみよう。

【**例題 1.2**】 プロセッサ数に比例して問題のサイズを大きくすることで、逐次処理する割合（$1-x$）が、10台のときを基準として$1/p$になるとする。例題1.1をこの条件で解いてみよ。

解説　$1-x$は10台では5%、100台で0.5%、10000台では0.005%になる。したがって、それぞれの性能向上は、6.9倍、66.9倍、6666.9倍になり、それぞれ台数相応の性能向上が得られる。

　対象の問題のサイズが決まっている場合は、ストロングスケーリングを使わなければならないが、本書の7.7節で紹介するスーパーコンピュータのスピードを競うTop500ではウィークスケーリングが使われる。これが許されるのは、スーパーコンピュータが対象とする計算がそれに応じた巨大なサイズのものであるからだ。

ここまでの話は、単一のジョブを並列処理する場合であり、Web 検索やオンラインショッピングなど、互いにほとんど関係のない複数の独立したジョブを実行する場合は話が違ってくる。ここではこのような並列性を**ジョブレベルの並列性**（**要求レベルの並列性**と呼ぶ場合もある）と呼び、それまでの並列性と区別する。このような並列性を取り扱うデータセンターやサーバでは、利用可能な並列性は湯水のようにあるため、単一のジョブを並列処理する場合のように並列性不足に苦労することはない。その代わり、これらのシステムでは信頼性、システムの管理など別の点が重要な課題となる。

1.2.2　エネルギー効率の改善

コンピュータの消費するエネルギーは、プログラムの実行時間と消費電力の積になる。p プロセッサの並列処理で実行時間が $1/p$ になっても、p 台分の消費電力は p 倍になるので、ちっとも得をしない。先に紹介した並列処理に伴う損失により、実際の実行時間は $1/p$ にはならないので、かえって損をするはずだ。しかし、実際に並列処理を行うことで、単一の強力なプロセッサを使うよりもエネルギー効率は改善し、これが 2003 年以降、並列コンピュータが普及した主な理由になっている。これはなぜだろう？

消費電力のうち、プロセッサが動作することによって消費する電力は次の式で表すことができる［WH11］。

$$動的電力 = \alpha \times 動作周波数 f \times (電源電圧\ V_{dd})^2$$

なお、α は容量負荷と動作率で決まる係数である。

一方、動作周波数 f を高くするためには電源電圧 V_{dd} を上げる必要があり、逆に f が低くてもよければ V_{dd} を下げることができる。次の例題を考えよう。

【例題 1.3】 電源電圧が 1.5 V で動作するプロセッサが動作周波数 2 GHz で動作する。このプロセッサを 4 台使うことで性能は 4 倍になる。1 台のプロセッサを 2 GHz の動作周波数で動作させたときと同じ性能を得るためには 4 台のプロセッサが 500 MHz の動作周波数で動作すればよ

いが、これを実現するための電源電圧は 0.8 V でよい。動的電力はどのようになるか。

解説 ここでは性能は同じであるため、エネルギーの比＝実行時に要する電力の比となる。

2 GHz 動作時の動的電力 $= \alpha \times 2000 \times 1.5 \times 1.5 = 4500\,\alpha$

500 MHz で 4 台動作時の動的電力 $= \alpha \times 500 \times 0.8 \times 0.8 \times 4$
$$= 1280\,\alpha$$

したがって、500 MHz で動作させれば動的電力、すなわちエネルギーは 0.267 倍で済む。

このように電源電圧の増減は 2 乗で効くため、電圧を下げることは動的電力の削減に大きな効果がある。もちろん、この話は理想通りにはいかない。まず電力には動的電力のほかに、動作しなくても常に流れている静的電力（漏れ電力、リーク電力）がある。この電力も電源電圧に比例して小さくなるが、プロセッサ数に比例して増えるため、どちらかというと不利に働く。また、動作周波数と、これを実現するための電源電圧は、常に比例関係にあるわけではない。電源電圧を一定以下にすると動作周波数は急激に低下して、ついには動作しなくなる。このため、プロセッサ数を多くすることで性能がカバーできるからといって一定の値以下に電源電圧を下げることはできない。

しかし、それでもプロセッサを複数にすることで、動作周波数を抑えても一定の性能を得ることができ、このことで消費エネルギーを削減できるという利点は大きい。

1.2.3 資源の共用

コンピュータの構成要素は「CPU」「メモリ」「入出力装置」の三つである。このうち、メモリや入出力装置は、一つの CPU で使うより複数で使ったほうが利用効率が高い。これは並列コンピュータのメリットの一つだが、同じような効果はネットワークを経由してプリンタを共有したりすることでも得られる。資源の共用を目的とするシステムは分散システムと呼ばれることもある［TS16］。

最近の並列コンピュータでは、共有資源が混雑になりすぎて性能が下

がってしまうことが多い。ジョブレベルの並列性を利用するデータセンターで利用されるクラスタは、個々のジョブは互いにほとんど関係ないが、それぞれが利用し、蓄積するデータベースあるいはストレージを共有する必要がある。さらにネットワーク、電源、空調を共有する。データセンターやサーバは、これらの資源を共有するために、多数のコンピュータを1か所に集めているとも言える。

1.2.4 複数プロセッサがあればどれかが生き残る

多数のプロセッサを使った大規模システムではプロセッサのいくつかが動作しなくなっても、全体の動作に大きな影響を与えない利点がある。データセンターで利用されるクラスタでは、この利点を積極的に利用している。もちろん、信頼性向上のためには故障したプロセッサを発見してこれを交換する技術が必要となる。

1.3 並列コンピュータの分類

最近の並列コンピュータは、さまざまな要素が組み合わさっているため、その分類を明確に定義することはできない。それでも一定の枠組みで分類することは、あるコンピュータの性質を理解するために有効な手段である。第7章で紹介するように、最近はさまざまな目的の領域特化型アーキテクチャが開発されているが、これらはほとんどが並列コンピュータである。このアーキテクチャの構成図は、多くの場合2次元のプロセッサアレイになっていて、それだけでは皆同じに見えてしまう。ところが、分類をきちんと知っていれば、これがSIMDで同じ命令を実行するのか、MIMDのNUMA型で共有メモリを持っているのか、それともシストリックアレイなのかで、その性質、動作が全く違うことが理解できる。その意味で分類を知り、その動作を知ることは重要である。

1.3.1 Flynnの分類

1966年、スタンフォード大学のM. J. Flynnは、論文中でコンピュータを分類する方法を示した［Flynn66］。この方法では命令流（Instruction Stream）の数とデータ流（Data Stream）の数に着目し、コンピュータを

以下の四つの方式に分類する。

SISD（Single Instruction stream Single Datastream）

命令流もデータ流も一つ。基本的なコンピュータの方式で、ユニプロセッサと呼ぶ場合がある。

SIMD（Single Instruction stream Multiple Datastreams）

一つの命令流で多数のデータを処理する方式。**図 1.2** に示すようにコントローラは命令を命令メモリから取ってきて、多数のプロセッサがそれぞれのデータに対して同じ処理を行うように指示する。データレベル並列性を簡単に利用することができるため、GPU（Graphics Processing Unit）などの計算加速装置（アクセラレータ）で用いられる。一般的な Intel のコンピュータにもこれと同じ考え方の命令（マルチメディア命令）が装備されている。

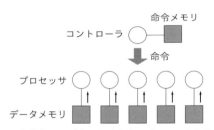

・半導体チップ内でたくさんのプロセッサを動かすにはよい方法
・アクセラレータの多くはこの方式をとっている
・安くて高いピーク性能が得られる

図 1.2　SIMD の構成

MISD（Multiple Instruction streams Single Datastream）

命令流が複数なのにデータ流が複数というのは考えにくいため、通常はこの形のコンピュータは存在しないと考えられている。アナログコンピュータや、後に紹介するパイプライン処理がこれに当たるという考え方もある。

MIMD（Multiple Instruction streams Multiple Datastreams）

図 1.3 に示すように、複数命令流、複数データ流の方式。それぞれのプロセッサが独立に命令を取ってきて、独立にデータを処理する。協調作業を行うためには、同期を行ってデータを交換する必要がある。現在、ノート PC、スマートフォン、サーバ、データセンターで動作している並列コ

ンピュータのうち、ほとんどはここに分類される。

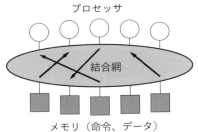

・全プロセッサが自分の命令を独立に実行する
・同期が必要
・汎用性が高い
・さまざまな構成法が存在する

図 1.3　MIMD の構成

1.3.2　共有メモリに注目した分類

　Flynn の分類はその簡単さにより現在でも使われているが、MIMD の枠が広すぎて、並列コンピュータの分類としては機能しない。そこで、1970 年代のオペレーションシステム研究者を中心に、共有メモリに注目した分類が提唱された。共有メモリとは、複数のプロセッサが読み書きできる共通のメモリのことである。この分類方法は専門家以外にはあまり使われていないが、MIMD 型計算機を分類する方法として有効である。

　UMA（Uniform Memory Access model）

　どのプロセッサからでも同じ時間で読み書きできる共有メモリを持つ方式。典型的な UMA は**図 1.4** のように共有バスやスイッチで複数のプロセッサが単一のメモリを共有する方式で、集中メモリ型とも呼ばれる。メモリへのアクセスが集中するため、プロセッサ数を増やすことができないが、実現のためのコストが小さいため、ノート PC、デスクトップ PC、スマートフォンなどに使われている多くの小規模並列コンピュータがこの分類に入る。本書では第 3 章でこの方式を扱う。

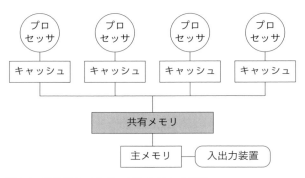

図 1.4　典型的なマルチコアシステムの構成

NUMA（Non-Uniform Memory Access model）

　共通のアドレス空間を持つが、アクセスするアドレスによって、アクセス速度が異なる方式。**図 1.5** のように、それぞれの個別のメモリを持つコンピュータが、ほかのコンピュータのメモリをネットワーク経由で読み書きする場合がこれに当たる。分散メモリ方式と呼ばれることもある。UMA に比べて多くのプロセッサを接続して規模を大きくすることができるため、サーバやスーパーコンピュータの一部がこの方式を用いる。本書では第 4 章でこの方式を扱う。

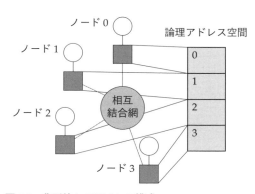

図 1.5　典型的な NUMA の構成

NORMA（No-Remote Memory Access model；**NORA** と呼ぶ場合もある）

　共有メモリを持たず、プロセッサ間はメッセージのやり取りで協調動作

する方式。コンピュータどうしを何らかのネットワークで結べば良いので、最も簡単に大規模並列コンピュータをつくることができる。データセンターで用いられるクラスタと、スーパーコンピュータの一部がこれに分類される。本書では第5章でこの方式を扱う。

1.3.3　シストリックアレイ、データフロー、ベクトル型、CGRA

　ここまでの分類は、基本的にメモリ上のプログラムをフェッチして実行する、一般的なプログラム格納型に基づいていた。しかし、最近の特殊目的用のアクセラレータの中には、プログラム格納型の拡張とは違った考え方で動作するものもある。AI に用いられる深層学習に特化した Google の TPU（Tensor Processing Unit）は、シストリックアレイ方式を用いていることで注目された。ほかにも専用目的のアクセラレータにはさまざまな並列コンピュータ構成方式がある。本書では GPU とまとめて第7章でこれを紹介する。

　図 1.6 に並列コンピュータの分類を示す。繰り返しになるが、最近のコンピュータは複数の方式が組み合わされていることに注意しよう。

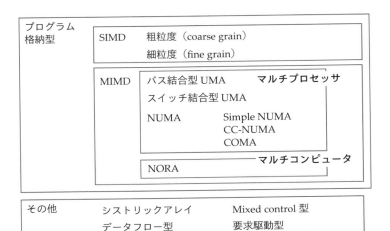

図 1.6　並列コンピュータの分類

1.4 なぜ並列コンピュータは一般的にならなかったのか?

1.4.1 ユニプロセッサの黄金期

　初期のコンピュータは単体のCPUの性能が不足していた。このため弱体なコンピュータを複数接続して並列コンピュータをつくる試みが、1970年代から研究レベルでは活発に行われていた。特に米国CMUで開発されたC.mmp、CM*などがUMA、NUMAの元祖として知られている。80年代にはスーパーコンピュータとしてNORMA方式のハイパーキューブマシンが注目され、90年代にはクラスタ方式、UMA方式の一部が商業的に成功を収めた。

　スーパーコンピュータの世界では当初、ベクトルコンピュータと言われる方式が優勢だったが、80年代後半からプロセッサの数を増やす方向にシフトした。日本でも第5世代コンピュータプロジェクト（1982〜92年）によるPIM、超並列計算機プロジェクト（1991〜95年）によるJUMP-1、RWCPによるRWC-1などさまざまな並列コンピュータのプロジェクトが実施され、筆者も含めて多くの研究者がさまざまなプロトタイプをつくった。

　しかし、この時代に並列コンピュータは、コンピュータの主流になることができなかった。並列コンピュータがコンピュータの主役に躍り出たのは2003年の「マルチコア革命」以降である。なぜなのだろうか?

　理由は単純で、2003年までは、コンピュータの性能を向上させるもっと良い方法がほかにあったからである。コンピュータのビジネスモデルは今も昔も機械語にコンパイルされたコードを販売する方式である。したがって、コンピュータの性能向上は、現在使っているコードが、コンパイルし直すことなしに「そのまま」速くなることが望ましい。そのまま速くする高速化技術を開発する基盤としては、複雑な命令セットよりも高速化しやすい単純な命令セットのほうが優れている。1980年代はじめに、単一命令長でレジスタ間の演算のみを許すRISC（Reduced Instruction Set Computer）が登場し、その土台をつくった。以降、この土台の上にさまざまな高速化技術が花開き、当時の半導体技術の向上と相まって、単一コ

アのプロセッサ（ユニプロセッサ）はその黄金時代を築いていく。

　ユニプロセッサを、「そのまま」速くする手段としてまず使われたのはパイプライン化であった。この方式はプロセッサが命令を処理するそれぞれの段階（ステージ）をレジスタで区切ってやり、その間で流れ作業を行わせる方法である。この方法ではレジスタで区切れば区切るほどステージの遅延は小さくなり、動作周波数を上げることができる。このためパイプラインのステージ数は 10 〜 15 まで増え、動作周波数は 3 GHz まで向上した。

　しかしパイプライン化は、パイプラインで処理する命令に依存性があったり、分岐命令が飛ぶかどうかの判定に時間が掛かったり、メモリの応答が遅れたりすると、動作が止まってしまう（**ストール**という）。そこで、ストールした命令を追い越して後から来た命令を実行してしまう動的スケジュールの技術が発達し、**アウトオブオーダー**プロセッサが登場した。また、一度に複数の命令を命令メモリから取ってきて一度に実行する**スーパースカラ**処理、分岐を正確に予測する**分岐予測**技術、分岐するかどうか決まる前にどんどん命令を発行し、予測が失敗したらやり直す**投機的実行**技術、複数装備している計算資源が空いているときに、別のプログラム（スレッド）を実行する**細粒度同時マルチスレッディング**技術などが、次々に登場した。

　メモリシステムも、よく使うデータを格納する小容量のメモリであるキャッシュの技術の革新と、主記憶を構成する DRAM（Dynamic RAM）のデータ転送方式の改善などによって、プロセッサの性能向上をサポートした。この技術革新によって、単一のプロセッサの性能は 1980 年の中ごろから 2003 年まで、年間約 50 ％、18 か月で倍になった。これを**ムーアの法則**と呼ぶ。本来この法則は Intel のゴードン・ムーア（Gordon Moore）が半導体に格納できるトランジスタの数（密度）に対して提唱したものであったのが、コンピュータの性能向上を示すものとして使われるようになった。

　並列コンピュータにより単一のプログラムの性能を向上させるためには、コンパイラかプログラマが単一のプログラムを並列に処理できるタスクの形に分割してやらなければならない。これは「そのまま」速くする、という要求に反している。少し待っていれば性能が数倍になる世の中で、

だれがわざわざこのような苦労をするだろうか？

　これがこの時代に並列コンピュータがメジャーな成功を収めることができなかった理由である。とはいえ、この時代でもスーパーコンピュータは並列コンピュータだったし、UMA、CC-NUMA型の製品はそれなりの成功を収めている。研究レベルではさまざまなプロトタイプがつくられ、後に広く利用される技術のうち多くの提案がこの時代になされている。

1.4.2　マルチコア革命

　風向きが変わったのが2003年である。このころ、これまでのユニプロセッサの性能向上を支えてきた技術はついに行き詰まりを見せた。パイプラインの段数はこれ以上増やしても性能向上に寄与しなくなり、複数命令を同時に取ってきて実行する技術も4命令程度で限界に達した。さまざまな高速化技術を取り入れたことで、本来単純なRISCを土台としたユニプロセッサの構造は手が付けられないほど複雑化した。また、性能向上を動作周波数の向上に頼ったために消費電力が増大し、放熱の限界に達した。メモリ技術の発展は、プロセッサの性能向上についていけなくなり、Memory Wall（メモリの壁）が生じた。このため、プロセッサの周波数を上げてもメモリのアクセスに時間が掛かり、コンピュータ全体としての性能が上がらなくなった。

　1980年代から90年代に掛けては、半導体技術の向上がこれらの問題の解決の後押しをしてくれた。半導体技術はその微細加工の最小幅で示され、これを**プロセスサイズ（テクノロジーノード）**と呼ぶ。80年代のはじめに0.35 μmであったプロセスサイズは、2000年には90 nmまで小さくなり、これにより半導体チップに搭載できるトランジスタ数は増大し、トランジスタの動作速度は上がり、電源電圧は下がり、これにより電力も下がった。ところが2000年代以降は、依然として搭載可能なトランジスタ数は増えるものの、動作速度の向上と電力の削減は、あまり期待できなくなった。このことにより、2003年の時点でユニプロセッサはにっちもさっちも行かない状態に追い込まれた。

　ここに至ってIntelは、今までの路線を改め、ユニプロセッサの性能向上を追求することを止めて、マルチコア化を進めることを宣言した。これがいわゆる**マルチコア革命**である。もともとマルチコア化を進めてい

た IBM、Sun Microsystems（2010 年に Oracle に吸収合併）などはすぐにこれにならったため、一気に並列コンピュータの時代がやってきた。図1.7 は、単一のプロセッサの性能向上を示した模式図である。2003 年以降、ユニプロセッサの性能向上は穏やかなものとなり、代わってコア数が増えていくようになった。

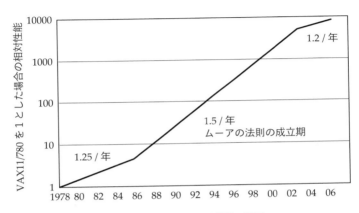

図 1.7　コンピュータ性能におけるムーアの法則の終焉

　では、なぜここで Intel は並列コンピュータへの道を選んだのだろうか？命令レベル並列処理の方法の一つに **VLIW**（Very Long Instruction Word）方式がある [Colwell88]。この手法は、複数の命令を一つの長い命令の形にまとめて、コンパイラにより依存関係を解決することにより、スーパースカラ方式に比べて簡単に高い並列性を利用できる方式で、本書の第 7 章で紹介するアクセラレータの一部に利用されている。VLIWは汎用プロセッサで用いるにはメモリの利用効率が悪く、柔軟性が低い。そこで、Intel は 90 年代、この方式をベースに動的な実行方式の良いところを取り入れた新しい命令セット IA64 を提唱して、これを装備したItanium を市場に投入した [Sharangpani2000]。この方式のことを **EPIC**（Explicitly Parallel Instruction Computing architecture）と呼ぶ。このEPIC は「コードをそのまま速くする」という要求を満足しなかったためあまり使われなかったのだが、ユニプロセッサが行き詰った 2003 年に、これと類似の道を選ぶことができたのでないか？
　並列コンピュータは確かにいままでの「コードをそのまま速くする」こ

とはできない。しかし、構成要素となるプロセッサではいままでのコードがそのまま走るし、ジョブレベルの並列性にならば何もしなくても対処できる。

　現在の PC、スマートフォン、タブレットのユーザは、ストリーム画像を見ながら、音楽を聴きつつ、文書の編集を行い、この間にウイルス駆除プログラムを走らせておくくらいのことは普通に行う。以前に比べてコンピュータには多数のジョブが走っており、このような環境ではマルチコアは単一のジョブが高速化できなくても体感的に速く感じられる。また、先に紹介した並列化による消費電力の削減効果により、放熱の問題を解決できる。さらに、基本的には同じ構造の繰り返しであるため、一つのコアを複雑巨大化させるよりも設計が容易である。

　このように、並列コンピュータという選択は、「コードをそのまま速くする」という市場の要求に部分的に適合し、開発側の労力も小さいという点で、EPIC に比べて穏健な転換であった。半導体の面積自体に十分余裕がある状況下において「マルチコア革命」は決して革命的ではなかったのである。

1.4.3　そして領域特化型計算機へ

　マルチコア革命以降、コア数はどんどん増加して行ったが、これも 8 コア程度で限界に達して、増加の速度が鈍ってきた。現在、通常の用途に対してならば、マルチコア方式のコンピュータの性能は既に十分であり、汎用コンピュータの性能向上に対するモチベーションを維持することは難しい。ではこれで良いのか、というと決してそんなことはなく、AI 技術、ビッグデータ処理、IoT、自動運転など、いままでとは違った応用分野における性能に対する要求は時代とともにどんどん増えている。これに対応するには、特定の用途にのみ高い性能を低い消費電力で実現するアクセラレータあるいは領域特化型計算機が有利であり、これらの多くは並列コンピュータである。本書ではこれを第 7 章で取り扱うことにする。

第2章

集中メモリ型並列コンピュータ

Uniform Memory Access model

2.1　ユニプロセッサからマルチコアへ

　ノート PC、スマートフォン、タブレットに搭載されている並列コンピュータの多くは小規模な**集中メモリ型コンピュータ**（Uniform Memory Access model：**UMA**）である。集中メモリ型並列コンピュータは、ユニプロセッサの自然な延長線上にある。このため、少しだけユニプロセッサの復習をしておこう。

　図 2.1 に、ユニプロセッサのメモリ構成を示す。CPU に接続されるメモリは、高速大容量が理想なのだが、一般的に高速なメモリはビット単価が高く、容量の大きなメモリはアクセス（読み書き）が遅い。このため、複数の種類のメモリを使って記憶の階層をつくる。すなわち、高速小容量のメモリによく使うデータ（命令）を入れておき、アクセスしたいデータが存在しない場合に限って、下の階層から取ってくる。この高速小容量のメモリを**キャッシュ**（cache）と呼ぶ。キャッシュ上に目標のデータが存在する場合を**ヒット**と呼び、存在しないで下の階層に取りに行くことを**ミスヒット**あるいは**ミス**と呼ぶ。

　最近の CPU は、ミスしたときに取りに行く時間を減らすために、キャッシュ自体を複数の階層から構成し、CPU に近いものから順に L1, L2, L3 と番号を付ける。多くの CPU では L2 あるいは L3 までは同じチップ上に置く。これを**オンチップキャッシュ**と呼び、CPU の論理回路と同じ半導体プロセスでつくることが可能な **SRAM**（Static Random Access Memory）で構成する。チップ外にもボード上に大容量の SRAM チップ

からなる L3（L4）キャッシュを置き、**オンボードキャッシュ**と呼ぶ。

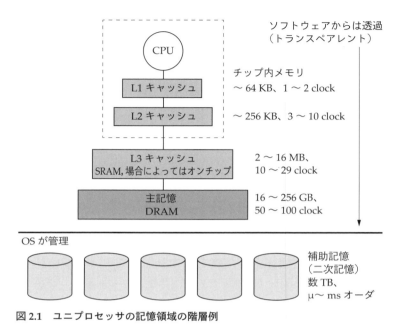

図 2.1　ユニプロセッサの記憶領域の階層例

　オンボードキャッシュ上にアクセスするデータがなければ、主記憶がアクセスされる。主記憶は大容量の **DRAM**（Dynamic Random Access Memory）で構成される。最近の DRAM は、DDR SDRAM（Double Data Rate Synchronous DRAM）と呼ぶ、クロックの立ち上がり・立ち下がり両方の変化に同期してデータを転送する方式をとっており、高速な連続転送が可能である。

　記憶の階層は、主記憶までは CPU から見て**透過**（transparent）である。すなわち、CPU から見るとキャッシュは見えない存在で、ヒットすれば高速、ミスすれば遅くなる。一方、主記憶上にデータがない場合は、補助記憶に取りに行くことになる。補助記憶は従来、主に磁気的な記憶方式であるハードディスクを用いたが最近はフラッシュメモリを用いた SSD（Solid State Drive）の利用が増えている。主記憶と補助記憶の間のやり取りは **OS**（Operating System）によって管理される。これを**仮想記憶**（Virtual Memory）と呼ぶ。ここでは、あまり関係しないため省略す

るが、キャッシュの動作については後にまた触れる。

　図 2.1 は論理的な記憶の階層を示しているが、実際には**図 2.2** のように、チップ外では複数のスイッチ（バス）により、キャッシュ、メモリ、入出力が互いに接続されている。高速性を要求される DRAM やグラフィックス装置は高速スイッチで、入出力装置は低速スイッチで接続される。Intel の用語では、前者を North Bridge、後者を South Bridge と呼んでいたが、最近は 1 チップに統合されている。これらのスイッチは後述するクロスバスイッチの一種と考えて良い。

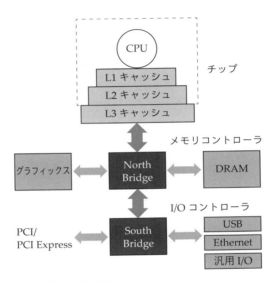

図 2.2　実際の構成例

　さて、この構成を持つユニプロセッサをマルチコアにするにはどうすれば良いだろうか？　まず、**図 2.3** に示すようにキャッシュを共有する方法が考えられる。しかし、図のように L1 キャッシュを共有する場合、アクセスの混雑が生じる。同時に読み出し可能なポートを複数持つマルチポートメモリを使うという方法も考えられるが、ポート数の多いマルチポートメモリはコストが大きく、高速動作も難しい。そもそも L1 キャッシュは CPU の高速動作についていくために、CPU の近くに配置しなければならない。このため図 2.3 の構成は、現実的にはほとんど実現不可能である。

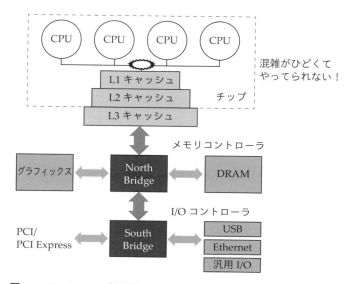

図 2.3　マルチコアの構成例 1：キャッシュを共有する方法

　では、**図 2.4** に示すように分散してはどうだろうか？　この場合、ア
クセスは分散され、ユニプロセッサと同じ程度の高速性を実現可能だが、
困った問題が生じる。それぞれのキャッシュは CPU に分散されている
ので、CPU がそれぞれのキャッシュにデータを書き込むと、書いたデー
タをほかの CPU から見ることができない。この構成では、たまたま L3
キャッシュまでデータが書き戻され、それがほかの CPU の L2, L1 に持っ
てこられた場合に限り、データの受け渡しができることになる。同じ番地
であってもデータがてんでんばらばらでは、共有メモリとは言えない。こ
の問題を**キャッシュ一貫性（コヒーレンス）問題**と呼ぶ。この問題を解決
するため、ここでは L1 キャッシュのみを個別に持たせ、この間に一貫性
を取るための機構を装備する構成を考える。これを**スヌープキャッシュ**と
呼ぶ。この構成を**図 2.5** に示す。なお、図 2.4 に示す構成でもディレクト
リを用いた管理手法を用いれば、この問題を解決できる。この手法は**第 4
章**で紹介する。

　以下では、まず図 2.5 を実現するために CPU、キャッシュ間を接続す
るバス、クロスバについて解説する。次に一貫性問題を解決するスヌープ
キャッシュを紹介する。

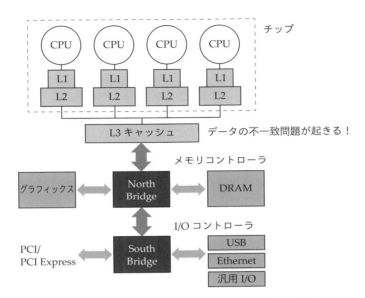

図 2.4　マルチコアの構成例 2：オンチップキャッシュを完全にプライベートキャッシュにする方法

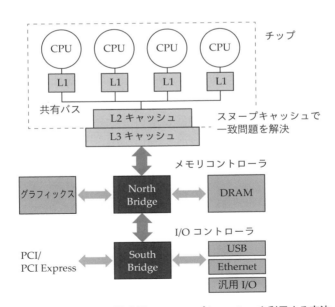

図 2.5　マルチコアの構成例 3：スヌープキャッシュを利用する方法

2.2 共有バス

2.2.1 共有バスの基本

　共有バスは、CPU、メモリを接続する最も基本的な方式である。**バス**（bus）とは、複数の信号を伝搬する信号線の束のことを指し、路線バスと全く同じ意味である。ディジタル信号は通常、一時期に1種類の信号しか伝搬できないので、コンピュータでバスと言ったら通常、時間的に信号を分割する**時分割バス**を指す。また、バス上のディジタル信号を複数モジュールで受けることは簡単なので、コンピュータで用いられるバスは多数の受信者がいるマルチドロップ方式である。

　従来、バスは単純な信号線の束であり、ここに特殊な出力を用いて複数の送信者が信号を載せた。特殊というのは、通常のディジタル信号は複数の出力を接続することが電気的に許されないためである。このため、オープンドレインや3ステートゲートなど、複数の出力を接続して、時分割で信号を線路上に載せるための特殊な出力が必要になった。古典的なバスとしては、抵抗で電源にプルアップされた線路上に、基板を挿すためのスロットが配置されているバックプレーンバスが挙げられる。バックプレーンとは筐体の裏側を指す。古典的なコンピュータはバックプレーンにさまざまなモジュールを挿すことで、バス接続を実現した。

　しかし現在、チップ内部ではバスは線路ではなく、論理ゲートでつくられており、一種の選択回路（マルチプレクサ）あるいはスイッチと考えて良い。両者を対比して図 2.6 に示す。論理ゲートでつくられた場合でも一時期に一つの信号線しか載せない点で古典的なバスと機能は同じである。

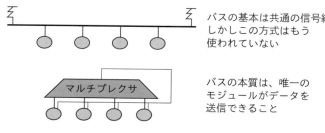

バスの基本は共通の信号線
しかしこの方式はもう
使われていない

マルチプレクサ

バスの本質は、唯一の
モジュールがデータを
送信できること

いろいろな形の共有バスがあり得る！

図 2.6　共有バス

通常、バスは以下の手順で利用する。

① **調停（アービトレーション）** 作業を行って、バスの利用権を獲得する（**バスマスタ**になる）。
② **アドレストランザクション**によりアドレスをバス上に流す。
③ データを連続転送する。
④ 終了トランザクションにより一連の転送を終了する。

バス上の転送の一つの区切りを**バストランザクション**と呼ぶ。通常、バスはアドレスとデータを時分割転送するため、まずアドレストランザクションを、次にデータトランザクションを行うことになる。

2.2.2 アービトレーション

ユニプロセッサのバスでは、通常 CPU がバスの制御を司るバスマスタである。しかし、マルチコアではコアが複数あるため、誰がバスマスタになるのかを決める必要がある。これを行う操作を調停（アービトレーション）と呼び、このための回路を**調停器（アービタ）**と呼ぶ。

コアはまずアービタに対して要求信号を出し、許可が出るとはじめてバスマスタになってバスを利用することができる。バスマスタ以外のモジュールを**スレーブ**と呼ぶ。アービタは本質的に、優先順位付きエンコーダであり、複数の要求信号から優先順位に従ってどれかを選ぶ働きをする論理回路である。バックプレーンバス上では、分散して決定する分散アービタ[*1] が用いられたが、チップ内部で用いるアービタは集中型で、コア数が多いと、高速動作のためにツリー構造を持つ必要がある。代表的な回路構成を**図 2.7** に示す。この図では数字の小さいものほど優先順位が高い。

---

*1 分散アービタについては旧版の「並列コンピュータ」（Web 資料）に詳しいので興味のある方は参照されたい。

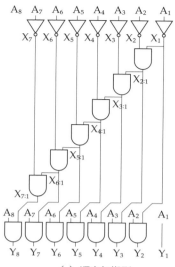

（a）順次伝搬型

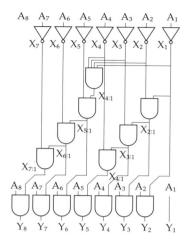

（b）先見型

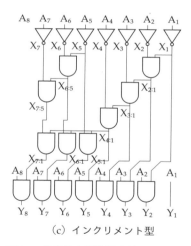

（c）インクリメント型

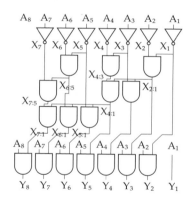

（d）スクランスキ型

図 2.7　代表的な優先順序付きエンコーダ。A_1-A_8 がそれぞれのモジュールからの要求信号で、対応する Y_1-Y_8 が H レベルになると要求が満足されたことを示す。番号の小さいほうが優先順位が高い。
（出典）宇佐美 公良・小林和淑・池田 誠（監訳）：ウェスト & ハリス CMOS VLSI 回路設計 応用編、丸善出版、2014。

【例題 2.1】 図 2.7 の順次伝搬型方式と先見型方式のそれぞれで通過する
ゲート段数はそれぞれいくつか。

解説 順次伝搬型方式は 8、先見型方式は 6 となる。ゲート段数が小さい
ほど遅延時間は小さく、動作速度が速いが、多数のゲートを必要とする。

アービタに付いた優先順位が固定であると、優先順位の低いコアは、要
求が長時間連続的に受け入れられずに待ち状態になることがある。これを
飢餓状態（スタベーション） と呼ぶ。マルチコアでは基本的に優先順位は
公平であることが望ましいので、アービトレーションごとに順位を巡回さ
せることが多い。この方法を **ラウンドロビン** と呼ぶ。

アービタの動作時間が転送時間の増加に結び付かないように、動作は転
送と重ね合わせ（オーバーラップ）して行う。すなわち、バスの転送時に
もう次のバスマスタを調停しておくのである。この操作により、調停の時
間は顕在化しなくて済む。この様子を **図 2.8** に示す。

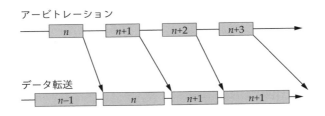

アービトレーションはバス上のデータ転送とオーバーラップする

図 2.8　アービトレーションとデータ転送のオーバーラップ

2.2.3　バストランザクション

最近のバスは高速性が重視されるため、単一のクロックに同期して転送
を行う同期バス方式を採用する場合が多い。この方式では転送の最初と最
後に **ストローブ**（strobe）と **アクノリッジ**（acknowledge）と呼ぶ 2 本の
ハンドシェーク線を利用する。バスマスタは、アドレス / データ線にアド
レスを載せてから、ストローブ線を H（High）レベルから L（Low）レ
ベルに変化させて、バス上のアドレスが有効であることを知らせる。ス

レーブ線は、アドレスを受け取ったら、アクノリッジ線をLレベルから
Hレベルにして、これをマスタに知らせる。これで両者の準備ができた
ことがわかるので、次からはクロックに同期して次々とデータが転送され
る。所定の数を送る（あるいはストローブ線をHレベルにする）と、ア
クノリッジ線をLレベルにして転送を終了する。この様子を**図2.9**に示
す。最後にエラー修正用コードなどを送る場合もある。

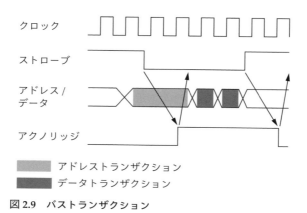

図2.9　バストランザクション

【例題 2.2】図2.9と同じ方式で転送を行う32ビットのバスで、連続し
て転送するデータ数が8である場合、クロック周波数を500 MHzとし
た場合、転送スループットはどのようになるか。

解説　アドレスをバス上に転送し、ストローブを落としてからアクノ
リッジを受け取るまでに2クロック、最後のデータを送出してから転送
終了のアクノリッジを受け取るまで2クロックを要する。8個の32ビッ
トデータはそれぞれ1クロックで転送できるので、全体で12クロック
＝2×12＝24 nsで32×8＝256ビットを転送できる。したがって、転送ス
ループットは256／24＝10.67 Gbps（gigabits per second）となる。

　図2.9の例は受信側が一つの場合を想定したが、マルチドロップ方式が
一般的なバスでは受信者が複数存在する場合が多い。この場合、オンチッ
プ方式ならば、それぞれのモジュールがアクノリッジ線を持ち、それぞ
れの受信終了をマスタに知らせることができる。古典的なバスではアク

ノリッジ用の信号線を2本用意することでこれを実現する。この方式を**3線ハンドシェーク**[*1]と呼ぶ。マスタは全員の準備ができたら、データの連続転送を始める。

　一般的には、アドレスとデータのバストランザクションは一連のシーケンスとして連続して行われる。しかし、これは、スレーブの準備に時間がかかる（遅いメモリの読み出しなど）場合は、連続してバスを占領することを意味する。そこで、アドレスのみ転送して、次のデータを転送する前にバスを分割して別の転送を入れてやる場合がある。これを**スプリットトランザクション**と呼ぶ。この様子を**図2.10**に示す。スプリットトランザクションによりバスの利用効率を上げることができる。バストランザクションを一つずつ独立に送る方式を推し進めると、それはバス上でパケット転送を行うことに近づいていく。

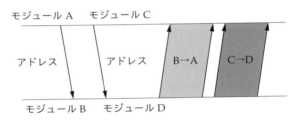

モジュール A　モジュール C

アドレス　　アドレス　　B→A　　C→D

モジュール B　モジュール D

A→B のトランザクションの間に
C→D のトランザクションを実行→転送効率アップ

図 2.10　スプリットトランザクション

2.3　クロスバスイッチ

　クロスバスイッチ（crossbar switch）は、バスの集合体と考えられる。**図2.11**に示すように複数のキャッシュに対して複数のコアからバスを引き、交点にON/OFF可能なスイッチを装備したものがクロスバスイッチである。クロスバスイッチは、宛先が違えば独立の経路を確保することができ、衝突しない。これを**ノンブロッキング性**と呼ぶ。これを実現するため、n 入力 m 出力の場合、$n \times m$ の交点スイッチ（クロスポイント）が必

[*1]　オープンドレインバスを用いたハンドシェークについては旧版の「並列コンピュータ」（Web資料）を参照されたい。

要になる。

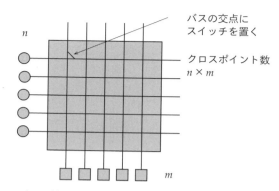

・バスの拡張として考えることができる
・同時に複数のプロセッサ・メモリ間が交信できる

図 2.11　クロスバスイッチ

　しかし、クロスバスイッチといえども、宛先が同じならば衝突を起こ
す。このため、バス同様アービタを使ってどれか一つの入力を選ぶ必要が
ある。この間、選ばれなかったほうはどうなるかというと、バッファある
いは **FIFO**（First In First Out）と呼ばれる小規模なメモリに一時的に保
存しておき、経路が空いたら通してやる。この様子を**図 2.12** に示す。実
は同様の機構をバスにも装備することが多い。

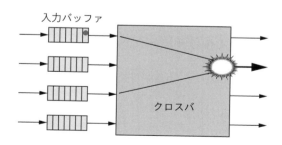

アービタにより一つを選んで出力→最も一般的な方法

図 2.12　入力バッファ方式

　バッファは、通常、クロスバスイッチの入力側に用意する入力バッファ

方式を取るが、出力に用意する出力バッファ方式、交点に設けるクロスポイント方式もある。しかし前者は転送周波数の n 倍の動作周波数を用いる必要があり、交点に設ける方式はハードウェア量が多すぎる。

　クロスバを用いてマルチコアと共有キャッシュを接続する場合、当然のことながらキャッシュが複数の塊に分割されていなければならない。このためには、アドレスを分散させるため、一定の単位（キャッシュブロックなど）で、順番にアドレス付けを行う。これを**インターリーブ**と呼ぶ。

　クロスバは大規模になるとハードウェア量が大きくなる。$n \times m$ のクロスポイントに要するコストが注目される場合が多いが、実際はアービタやバッファのコストも大きい。

2.4　スヌープキャッシュ

2.4.1　キャッシュの復習

　次にキャッシュ一貫性問題を検討しよう。それぞれの CPU がキャッシュを個別に持つとする。あるキャッシュに書き込んだデータは、ほかの CPU のキャッシュには知らされないため、何もしないとてんでんばらばらのデータが同じアドレスに書かれてしまうことになる。この様子を**図 2.13** に示す。共有バスを利用してこれを解決するのが**スヌープ**（snoop）**キャッシュ**である。

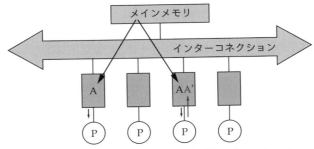

キャッシュを分散すれば、当然それぞれのキャッシュで
データの不一致が生じる

図 2.13　キャッシュの一貫性

スヌープキャッシュを理解するために、簡単にキャッシュを復習しよう。スヌープキャッシュ機能はL1キャッシュに装備し、L1キャッシュのミスにはL2キャッシュが対応するが、ここでは混乱を避けるために、キャッシュにミスしたらメモリが対応するという古典的なシステムを念頭に置いて解説する。ここでの説明における共有メモリはL2共有キャッシュと置き換えて考えてほしい。

　コンピュータは、近くのアドレスがアクセスされやすいという**空間的局所性の原則**と、一度アクセスされたアドレスがすぐにまたアクセスされやすいという**時間的局所性の原則**がある。キャッシュでは、一定の大きさ（32B-128B）の連続したアドレスのデータの塊をブロックと呼び、ブロック単位でデータをごっそり移動することで、空間的、時間的局所性を利用する。最も簡単な割り付け法であるダイレクトマップ方式は、メインメモリのブロック番号を、順にキャッシュのブロックに割り当てていき、一巡したらもとに戻ることを繰り返す。

　この方法では

- キャッシュのブロックサイズが 2^B
- キャッシュに入るブロック数が 2^C
- メインメモリに入るキャッシュのブロック数が 2^M

である場合、

- CPUからのアドレスの下位 B ビットをブロック内アドレス
- 次の C ビットをキャッシュ中のブロックの位置を指し示すインデックス
- 上位の $M - C$ ビットをメモリのブロック番号を示すタグ（キー）

と呼ぶ。

【例題 2.3】 主記憶のアドレス空間が32ビット（すなわち $2^{32} = 4\,GB$）、キャッシュのアドレス空間が12ビット（すなわち $2^{12} = 4\,KB$ のキャッシュ）である場合、キャッシュのブロックサイズを64Bとすると、インデックス、キーの長さはそれぞれいくらになるか。

解説　ブロック内アドレスは6ビット（$B = 6$）で、キャッシュ内にはブ

ロックが 12 − 6 = 6、すなわち $2^6 = 64$ 個入る。したがって、インデックスは 6 ビット、タグ（キー）は 32 − 12 = 20 ビットとなる。

　キャッシュを管理するためにキャッシュディレクトリと呼ばれるテーブルを用意する。このテーブルはキャッシュのブロック数と等しい 2^C エントリを持っており、このエントリに現在キャッシュ中に置かれているメモリのブロックの番号（タグ）を入れておく。CPU からのアクセスがあると、そのアドレス中のインデックスに相当する C ビットで、キャッシュブロックとディレクトリを同時に検索する。読み出したタグと、CPU から送られてきた上位 $M − C$ ビットが一致すれば、アクセスするブロックがキャッシュ中に存在することがわかる。これがヒットした場合であり、キャッシュから読みだしたデータはそのまま CPU に送られ、一致しなければミスとなる。この様子を図 **2.14** に示す。キャッシュディレクトリの各エントリには、対応するブロックが有効かを示すビット（**Valid**：有効ビット）を付けておく。Valid ビットは 0 に初期化し、有効なブロックが入る際に 1 にセットする。

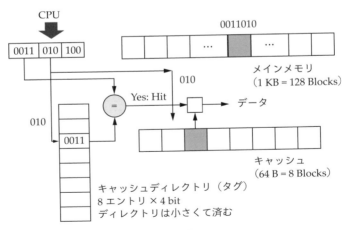

図 2.14　キャッシュディレクトリの構成

　ダイレクトマップ方式ではメインメモリのブロックが割り付けられるキャッシュの場所は一か所に決まってしまうため、インデックスがたまた

ま同じになる二つのブロックは競合（衝突）を起こして同時にキャッシュに入れることができない。そこで、いくつかのブロックをセット（集合）として、集合単位に割り付ける**セットアソシアティブ**と呼ばれる方法を使うのが一般的である。セット内のブロック数をウェイと呼び、2, 4, 8 ウェイを持たせる方法がよく用いられる。この場合、ディレクトリはウェイ数分だけ持たせて、同時に同じインデックスで検索する。

　読み出しアクセスがキャッシュにヒットする場合、読みだしたデータを CPU に持ってくるが、ミスすれば下位階層のキャッシュに取りにいく必要がある。取ってきたブロックは、今までそこにあったブロックを置き換える（あるいは書きつぶす）。この操作を**リプレイス**と呼ぶ。セットアソシアティブ方式では、どこのブロックと置き換えたら良いか判断する必要があるが、最近アクセスされなかったブロックを選ぶ **LRU**（Least Recently Used）という方法が一般的である。

　一方、書き込みがヒットした場合、キャッシュに書いたデータを主記憶にそのまま送って更新するライトスルー方式と、キャッシュのみに書き込み、主記憶と違ったままにしておくライトバック方式がある。ライトバック方式では、後にそのブロックが置き換えられる際に、書き込みがあった場合には、ブロックの中身を主記憶に書き戻さなければならない。この必要性を判別するために、キャッシュディレクトリのすべてのエントリに Dirty bit と呼ばれる 1 ビットを付けて、最初にブロックを持ってきたときに 0：Clean に初期化しておく。そして、そのブロックに書き込みが起きた際に、このビットを 1：Dirty にし、主記憶と状態が異なっていることを示す。置き換えに際しては Dirty なビットが立っているブロックだけを書き戻すことにより、無駄な書き込みを避けることができる。

　書き込みがミスした場合は、ブロックをキャッシュに持ってきてから書く方法（ライトアロケート）と、持ってこないで、主記憶だけを書き換える方法（ライトノンアロケート）の二つがある。一般的に、ライトバックはライトアロケートの方針を取ることが多いが、ライトスルーキャッシュには、アロケート、ノンアロケートの二つの可能性がある。

2.4.2　スヌープキャッシュの元祖

　スヌープキャッシュはライトスルー型から生まれた［Archibald86］。

図 2.15(a) に示すように、ある CPU（P1）と別の CPU（P3）は同じブロックを読み出して、キャッシュ中に保持している状態を考える。図 2.15(b) に示すように、P1 からの書き込みがヒットすると、そのアドレスとデータは共有バス経由で共有メモリに送られる。ここで、共有バス上はアドレスとデータが流れていくことになり、ほかのプロセッサのキャッシュもこのアドレスの内容を、バスを介して見ることができる。

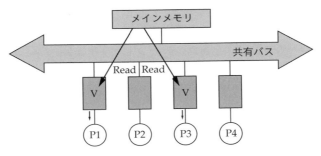

（a）ライトスルー時のスヌープキャッシュ

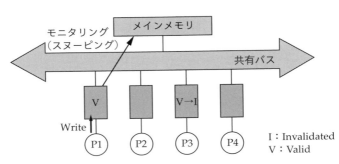

（b）ライトスルー時のスヌープキャッシュによる無効化

図 2.15　スヌープキャッシュ

このときキャッシュディレクトリをバス側にも設けておけば、アドレストランザクションごとにアドレスを検索することで、自分が同一アドレスのブロックを持っているかどうかを知ることができる。持っているとわかったら、このブロックにほかの CPU が書き込んだため、Valid ビットを 0 にして、そのブロックを無効化する。この場合は P3 のキャッシュブロックが無効化され、状態が I になる。無効化されたブロックに対して再

びアクセスを行うとミスが発生して、主記憶から更新されたブロックが読み出されるので一致性は保たれる。このように無効化することで一貫性を保持する方法を無効化型と呼ぶ。

すべてのキャッシュがバス上のアドレスを見て（盗み見て）、自律分散的に Valid ビットを 0 にすることからスヌープ（盗み見る）キャッシュと呼ばれる[*1]。

【例題 2.4】無効化型ライトスルースヌープキャッシュ（ライトノンアロケート型）でプロセッサ A, B, C が同じブロックに対して以下のアクセスを行った。キャッシュの状態はどのように遷移するか。ただし初期状態ではキャッシュ上にブロックは存在しなかったとする。

① A が読み出し　　② B が読み出し　　③ C が読み出し
④ C が書き込み　　⑤ B が書き込み

解説　以下のように遷移する。

	A	B	C
① A が読み出し	V	−	−
② B が読み出し	V	V	−
③ C が読み出し	V	V	V
④ C が書き込み	I	I	V
⑤ B が書き込み	I	I	I

ノンアロケート型なので、⑤の B の書き込みは直接共有メモリに対して行われ、C を無効化する。

ライトスルーキャッシュは、データを主記憶に送るので、無効化する代わりにこのデータをキャッシュに直接取り込んでしまうことで一致性を確保することもできる。これを**更新型スヌープキャッシュ**と呼び、無効化型スヌープキャッシュと区別する。更新型は、いわば積極戦略であり、優れた点も持っているがバス上のデータを書きこむ際にキャッシュ本体にアクセスしなければならず、CPU からのアクセスと衝突する可能性がある。

---

*1　チャーリーブラウンに出てくる犬の名前と語源は同じである

2.4.3 ライトバック型スヌープキャッシュの基本プロトコル

このようにスヌープキャッシュはライトスルー型のキャッシュを考える
と自然な方法である。しかし、マルチコアにとってライトスルー型は、す
べての書き込みアクセスに共有バスを使う必要がある点で都合が悪い。実
際、ユニプロセッサではライトスルー型の性能はライトバック型に比べて
さほど劣るわけではないのだが、マルチコアの場合は書き込みアクセスが
共有バスの混雑を招いて極端に性能が低下する。このため、どうしてもラ
イトバック型でスヌープキャッシュを構築する必要がある。

ユニプロセッサと同様、Dirty/Clean を示すビット、Valid/Invalid を示
すビットをそれぞれのエントリに持っているとする。ある CPU（P1）が
データを読み出してミスしたブロックは共有メモリ（L2 キャッシュ）か
らバスを経由して転送され、キャッシュに入る。このときの状態は Clean
となる。別の CPU（P3）も同一ブロックをキャッシュ上に読み出すこと
があるが、両者ともに読むだけなら問題はない（図 2.16(a)）。

ここで P3 が書き込みを行うと、通常ライトバック型のキャッシュでは、
この書き込みはキャッシュ内だけに留まるのだが、それではほかの CPU
は書き込みがあったことを知ることができない。そこで、Clean なブロッ
クに対して書き込みを行ったときだけ、書き込んだという情報とそのアド
レスだけを共有バスに流してやる。書き込んだデータはバスに流す必要は
ないため、このトランザクションはアドレスのみの簡単なもので良い。こ
れを**無効化トランザクション**と呼ぶ。

ほかのキャッシュは、この無効化トランザクションをスヌープして、自
分のキャッシュに同一アドレスのブロックが存在する場合は、この Valid
ビットを 0 にして無効化する（図 2.16(b)）。ブロックのコピーを複数の
CPU が持っていたとしても一度にすべて無効化されるので、書き込んだ
P3 のブロックのみが Dirty な状態でシステム内に存在することになる。
したがって、Dirty なブロックに対しての CPU からの読み書きは外部の
バストランザクションを伴わずに行うことができる。このことで、ライト
スルーの場合よりも共有バスの混雑は少なくて済む。

さて、ここで P1 が無効化されたブロックに対して読み出しを行ったら
どうであろう（図 2.16(c)）。無効化されているので、キャッシュはミスを
し、共有メモリにブロックを取りにいく。ところが、共有メモリのブロッ

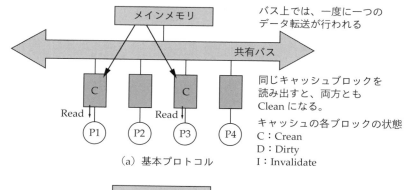

（a）基本プロトコル

バス上では、一度に一つの
データ転送が行われる

同じキャッシュブロックを
読み出すと、両方とも
Clean になる。

キャッシュの各ブロックの状態
C：Crean
D：Dirty
I：Invalidate

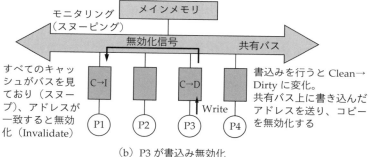

（b）P3 が書込み無効化

すべてのキャッ
シュがバスを見
ており（スヌー
プ）、アドレスが
一致すると無効
化（Invalidate）

書込みを行うと Clean→
Dirty に変化。
共有バス上に書き込んだ
アドレスを送り、コピー
を無効化する

図 2.16　ライトバック型スヌープキャッシュ

クは最新のものではなく、P3 の Dirty なブロックが最新データを保持している。そこで、P3 は、P1 から読み出し要求があったブロックのアドレスをスヌープして、それが自分のキャッシュ内の Dirty なブロックのアドレスと一致したら、書き戻しを行う必要がある。ここがライトバック型キャッシュの面倒なところであるがやむを得ない。P3 のキャッシュは P1 のキャッシュからの読み出し要求に共有メモリが答えるのに待ったを掛けて、まず自分の Dirty なキャッシュの内容を共有メモリに書き戻す。それから読み出し要求を出した P1 のキャッシュに対して書き戻したブロックを転送する。最終的に両方のキャッシュともに Clean な状態になってバストランザクションは終了する。

　ちなみに、P3 が Dirty なブロックを共有メモリと P1 のキャッシュに同時に転送可能であれば、そうすることで転送時間が短縮できる。

　では、P1 が無効化されたブロックに対して読み出しではなく、書き込

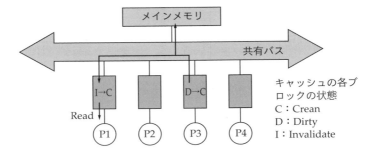

[P1] P1 が読み出すと Invalidate であるためミスが起き、主記憶に共有バスを通して取りにいく→Clean になる
[P3] P3 は共有バス上のアドレスをスヌープして、アドレスが一致していたら Dirty のブロックへの読み出し要求として検出→共有メモリに書き戻してからデータを転送→Clean になる

（c）P1 が読み出しをした場合

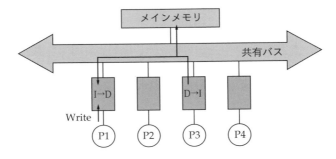

[P1] P1 が読み出すと Invalidate であるためミスが起き、主記憶に共有バスを通して取りにいく→書き込みを行って Dirty になる
[P3] P3 が共有バス上のアドレスをスヌープして、アドレスが一致していたら Dirty のブロックへの書き込み要求として検出→共有メモリに書き戻してからデータを要求元に転送→Invalidate（無効）になる

（d）P1 が書き込みをした場合

図 2.16　ライトバック型スヌープキャッシュ（つづき）

みを行ったらどうすればよいだろう。読み出し同様にミスが起き、ライトバックは通常ライトアロケート型なので、共有メモリに対して書き込みミスによるブロック要求を発生する。これを Dirty なブロックを持っている P3 キャッシュがスヌープして、まず共有メモリに書き戻し、次に要求した P1 のキャッシュにブロックを転送する。ここまでは全く同じだが、書き戻した後に、P3 のブロックは無効になる。要求を出した側（P1）は、

キャッシュブロックを読み込んだ後にデータの書き込みを行い、キャッシュブロックの状態を Dirty にする。この様子を図 2.16(d) に示す。上記の取り決めを守ってブロックの状態とデータ転送を制御すれば、キャッシュ一貫性が保たれる。このような取り決めを**キャッシュ一貫性プロトコル**と呼ぶ。一貫性プロトコルの動作を表現するのに状態遷移図を用いる場合がある。これは、それぞれプロセッサおよびバスからの要求で、キャッシュブロックの状態がどのように遷移するかを記述する方法である。**図 2.17** に基本プロトコルに対応する状態遷移を示す。

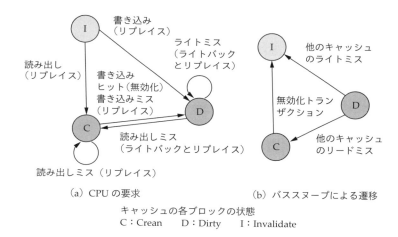

（a）CPU の要求　　　　　　（b）バススヌープによる遷移

キャッシュの各ブロックの状態
C：Crean　　D：Dirty　　I：Invalidate

図 2.17　基本プロトコルに対応する状態遷移図：括弧内はそれによって引き起こされる操作

【例題 2.5】 無効化型ライトバックスヌープキャッシュの基本形でプロセッサ A, B, C が同じブロックに対して以下のアクセスを行った。キャッシュの状態はどのように遷移するか。ただし初期状態ではキャッシュ上にブロックは存在しなかったとする。

　①A が読み出し　　②B が読み出し　　③C が読み出し
　④C が書き込み　　⑤B が読み出し　　⑥A が書き込み

解説　以下のように遷移する。⑤ではプロセッサ C のキャッシュから書き戻しが起きる。

	A	B	C
① A が読み出し	C	—	—
② B が読み出し	C	C	—
③ C が読み出し	C	C	C
④ C が書き込み	I	I	D
⑤ B が読み出し	I	C	C
⑥ A が書き込み	D	I	I

2.4.4 Exclusive 状態の導入 ［Papamaros84］

　無効化トランザクションは、アドレスと制御信号のみとはいえ、共有バスの混雑を増してしまう。Clean な状態のブロックのコピーがほかのキャッシュに存在しないことが保証されれば、このトランザクションは省略できる。そこで、キャッシュディレクトリに Exclusive（排他的）状態を設ける。

　L1 キャッシュミスが起きて共有メモリからブロックを持ってくるとき、それ以外のキャッシュは自分が同じブロックを保持しているかどうかをスヌープにより確認する。保持していることがわかれば、ブロックを要求したキャッシュにそれを通知する。通知がなければ、このブロックはほかにコピーがないので、Exclusive ビットをセットする（図 2.18(a)）。このビットが立っているブロックに書き込みが起きても無効化トランザクションを発生する必要はない（図 2.18(b)）。このビットは一度セットされても、ほかのキャッシュが同一ブロックを読み込んだことをスヌープにより検知するとリセットされる（図 2.18(c)）。Exclusive 状態を導入するには、同一ブロックが存在するかどうかを検査した結果を、互いに交換する機構が必要である。

　Exclusive ビットがリセットされている状態を Sharable（共有可能）と呼ぶ。Sharable だからといってコピーが必ず存在するとは限らない。コピーは、リプレイスされることでキャッシュ上からなくなっているかもしれず、これはほかのキャッシュには検知できないためである。

　基本プロトコルに Exclusive 状態を付けたプロトコルは、CS（Clean Sharable）、CE（Clean Exclusive）、DE（Dirty Exclusive）、I（Invalidate）の４状態で制御を行う。Dirty になる際には必ず無効化が行われるので、Dirty Sharable は存在しない。

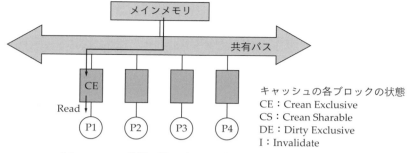

（a）Exclusive 状態の導入（MESI プロトコル）

キャッシュの各ブロックの状態
CE：Crean Exclusive
CS：Crean Sharable
DE：Dirty Exclusive
I：Invalidate

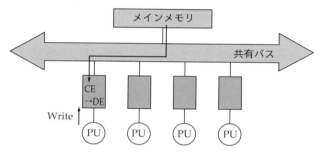

（b）Clean Exclusive（CE）の効果

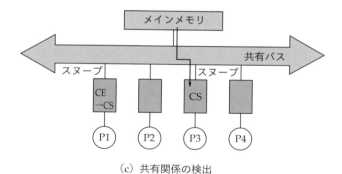

（c）共有関係の検出

図 2.18　Exclusive 状態の導入

2.4.5　オーナーシップの導入 ［Katz85］

　基本プロトコルは、ライトバックをもとにしているので、ミスした
キャッシュは共有メモリにブロックを取りにいく。これを Dirty のブロッ
クを持っているキャッシュが一度待ったをかけて、書き戻しを行わなけれ

ばならない。この操作をスムーズに行うには、ミスが起きた場合にブロックを供給する**責任**（オーナーシップ；Ownership）をキャッシュに持たせれば良い。この責任者のことをオーナー（Owner）と呼ぶ。

キャッシュのそれぞれのブロックには、Dirty か Clean かの代わりに Owned か Unowned かを示すビットを持たせ、OS（Owned Sharable）、US（Unowned Sharable）、OE（Owned Exclusive）、I（Invalidate）の4状態で制御する。この方法では、デフォルトの Owner は共有メモリであり、読み出しミスをすると、デフォルトでは共有メモリからブロックを読み出し、Unowned Sharable にする。ほかのキャッシュがミスした場合もコピーはすべて同じ US 状態である（**図 2.19**(a)(b)）。

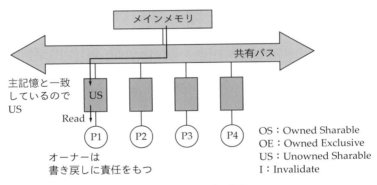

主記憶と一致しているので US

Read

OS：Owned Sharable
OE：Owned Exclusive
US：Unowned Sharable
I：Invalidate

オーナーは
書き戻しに責任をもつ

（a）オーナーシップの導入

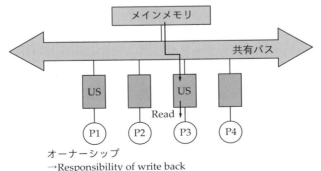

Read

オーナーシップ
→Responsibility of write back

（b）複数の US が生じる場合

図 2.19　オーナーシップを用いたプロトコル

ここで、P1 が書き込み要求を出すと、基本プロトコルと同様に無効化トランザクションが起きて、ほかのキャッシュはすべて無効になる。書き込んだブロックはオーナーになり、ほかにコピーが存在しないため、OE 状態となる（図 2.19(c)）。さらに、無効化されたブロックを P3 が読み出すと、ミスを生じたキャッシュブロックは共有メモリではなく、オーナーのキャッシュから供給される（図 2.19(d)）。

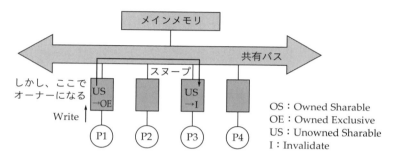

OS：Owned Sharable
OE：Owned Exclusive
US：Unowned Sharable
I：Invalidate

無効化信号がバスを流れ、コピーは無効（I）になる
→基本プロトコルと同じ

（c）P1 の書き込み

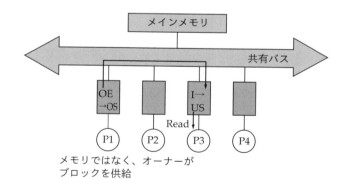

メモリではなく、オーナーが
ブロックを供給

キャッシュ間転送が起きる。US、OS ともに主記憶と一致しない。
書き戻しはオーナーがリプレイスされるときにだけ行われる

（d）キャッシュ間転送

図 2.19　オーナーシップ（つづき）

オーナーである P1 のキャッシュから P3 のキャッシュへ直接ブロックが転送され、P1 のブロックは OS 状態、P3 のブロックは US 状態になる。このとき共有メモリにブロックは書き戻されない。ここで、P3 の US 状態のブロックは Owner、すなわち P1 のブロックと一致しているが、共有メモリの内容とは一致していない点を注目されたい。この方法では、オーナーのブロックがキャッシュ上に存在する限り、ブロックはそこから供給され、共有メモリへの書き戻しは起こらない。オーナーのブロックがリプレイスされるときのみ、共有メモリへの書き込みが起きる。US 状態のキャッシュがリプレイスされるときは書き戻しの必要はない。

この手法は、制御に無理が少なく、L1 キャッシュに比べて動作速度が遅い共有メモリ（L2 キャッシュ）に対して極力書き戻しを行わない点も優れている。

【例題 2.6】 無効化型ライトバックスヌープキャッシュでオーナーシップを入れたプロトコルを用いる場合に、プロセッサ A, B, C が同じブロックに対して以下のアクセスを行った。キャッシュの状態はどのように遷移するか。ただし初期状態ではキャッシュ上にブロックは存在しなかったとする。

①A が読み出し　　②B が読み出し　　③C が読み出し
④C が書き込み　　⑤B が読み出し　　⑥A が書き込み

解説　以下のように遷移する。⑥でプロセッサ C の OS 状態のキャッシュブロックはプロセッサ A のキャッシュに転送される。

	A	B	C
①A が読み出し	US	−	−
②B が読み出し	US	US	−
③C が読み出し	US	US	US
④C が書き込み	I	I	OE
⑤B が読み出し	I	US	OS
⑥A が書き込み	OE	I	I

2.4.6　更新型プロトコル

　ここまで紹介したプロトコルは、あるプロセッサがデータを書き込んだ際に、ほかのキャッシュ上のコピーを無効化することにより一致性を保証した。この方法は、二つの CPU が同一ブロックへ読み書きを繰り返すと、ブロックの無効化と転送を繰り返すことになる。実際に読み書きするのが単一データであったとしても、バス上ではブロック単位のデータが往復することになり、これを**ピンポン効果**と呼ぶ。これは、書き込んだデータを、バスを通じてキャッシュのコピーを送りつけて更新してやる積極策により、改善できる。キャッシュブロック全体を転送するよりも単一データを転送する方が効率的である。しかし、ライトスルー方式とは違って、あくまでライトバック方式であるので、ほかにコピーがない場合は、キャッシュのみに書き込みを留め、共有バス上のデータ交換をできるだけ減らさなければならない。

　この方法の元祖は、DEC のマルチプロセッサ Firefly で、Clean Exclusive, Dirty Exclusive, Clean Sharable の三つの状態を持っていた[*1]。あるプロセッサ P1 がデータを読み込んだ際にミスヒットすると、共有メモリからブロックを読み出し、**2.4.3** と同じ方法で Clean Exclusive になる。ここに書き込みを行うと Dirty Exclusive になり、以後の読み書きは、バスを用いずに行うことができる。ここで、ほかのプロセッサ（たとえば P3）が同じブロックを読み出すと、ブロックは書き戻しされ、P3 のキャッシュにコピーされる。P1, P3 ともにブロックは Clean Sharable になる。ここまでは **2.4.4** と同じである。ここで、Clean Sharable のブロックに書き込みを行うと、そのデータはバスを使って、共有メモリとほかのプロセッサに接続されたキャッシュ上のブロックの両方に書き込まれる。

　この様子を**図 2.20** に示す。以降、Clean Sharable への書き込みは常に共有バスを介して共有メモリとほかのキャッシュに対して行われる。この方式は **2.4.4** と似ているが、Clean Sharable になった場合は、データがバス上で転送される点が異なっている。

---

*1　文献［Thacker88］では 4 状態のものが記されている。ここでは文献［Archibald86］に示された簡単化された 3 状態のものを紹介した。

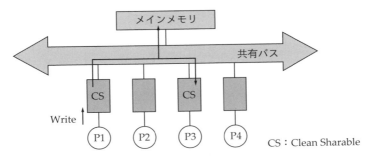

メインメモリ

共有バス

CS

CS

Write

P1 P2 P3 P4

CS：Clean Sharable

共有関係をもつキャッシュと共有メモリに書き込み、
データを転送する

図 2.20　Firefly の方法

【例題 2.7】Firefly で用いられる更新型プロトコルを使ったスヌープ
キャッシュでプロセッサ A, B, C が同じブロックに対して以下のアクセ
スを行った。キャッシュの状態はどのように遷移するか。ただし初期状
態ではキャッシュ上にブロックは存在しなかったとする。
　　① A が読み出し　　② B が読み出し　　③ C が読み出し
　　④ C が書き込み　　⑤ B が読み出し　　⑥ A が書き込み

解説　以下のように遷移する。CS 状態になったら書き込みデータのすべ
ては共有メモリとほかのキャッシュに送られるため、状態が変化しない。

	A	B	C
① A が読み出し	CE	−	−
② B が読み出し	CS	CS	−
③ C が読み出し	CS	CS	CS
④ C が書き込み	CS	CS	CS
⑤ B が読み出し	CS	CS	CS
⑥ A が書き込み	CS	CS	CS

　一方、Xerox のマルチプロセッサ Dragon［Stenstorm90］では、オー
ナーシップを持った更新型プロトコルが使われた。この方法は、オー
ナーシップにより管理を行う点で **2.4.4** とほぼ同じだが Owned Sharable,
Owned Exclusive, Unowned Sharable, Owned Sharable の 4 つの状態

を持ち、Sharable なブロックに対する書き込みは、書き込んだデータを共有バス上に送って、ほかのキャッシュのみを書き換える点で異なる。Firefly で用いられたプロトコルとの違いは、共有メモリを更新しない点である。ミスしたキャッシュは 2.4.5 の方法と同様、Owner のキャッシュから供給するため、共有メモリのアクセスは最小化される。

　更新型のプロトコルは、ピンポン効果が防げる点で有利だが、Sharable の状態のブロックに対する書き込みがすべて共有バスに出てしまい、一度この状態のブロックが発生すると、共有バスの混雑が激しくなる。これは本当に交換が必要なデータだけでなく、たまたま同一ブロックに割り当てられた関係のないデータの読み書きでも生じるし（このような状況をFalse Sharing と呼ぶ）、データを送る相手のブロックがリプレイスされていなくなってしまっても継続される。さらに、ディレクトリ上の Validビットをクリアする操作に比べて、バス側から単体の書き込みデータをキャッシュに取り込む操作を実装するのは面倒である。このため、現在のキャッシュの主流は無効化型である。

2.4.7　MOESI プロトコルクラス

　Valid/Invalid, Exclusive/Sharable, Owned/Unowned の 3 ビットでほとんどのキャッシュプロトコルを表現することができる。Invalid なブロックについては、ほかのビットは無意味であるので、有効な状態は 5状態である。このうち、Owned-Exclusive を M（Modified）、Owned-Sharable を O（Owned）、Unowned-Exclusive を E（Exclusive）、Unowned-Sharable を S（Sharable）のそれぞれ一文字で表し、これに I（Invalid）を加えて、さまざまなプロトコルを表現する方法を MOESI プロトコルクラスと呼び、現在プロトコルの名称として広く使われている[Sweazey86]。各状態の包含関係を図 2.21 に示す。これまでに紹介したプロトコルは以下のようになる。

基本プロトコル（**2.4.3**）	MSI
Exclusive 状態の導入（**2.4.4**）	MESI
Ownership の導入（**2.4.5**）	MOSI
Firefly で用いられた更新型（**2.4.6**）	MES
Dragon で用いられた更新型（**2.4.6**）	MOES

もちろん、MOESI すべての状態を使ってプロトコルを構成することも可能である。

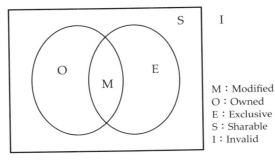

Ｅ も Ｏ も含めた五つの状態をもつことができる。
Ｏ：ＯＳ、Ｍ：ＯＥ、Ｅ：ＵＥ、Ｓ：ＵＳ のことなので注意！

図2.21　MOESI プロトコルクラス

2.4.8　スヌープキャッシュの改良

　スヌープキャッシュは 1980 年代からさまざまな改良案が提案されている。以下、代表的なものを挙げるが、詳細は Web 資料を参照されたい。

- **ライトワンス**［Goodman83］　Clean なキャッシュ対して最初に無効化を行うときのみ、無効化トランザクションにデータを付けて送り、ほかのキャッシュを無効化するとともに、共有メモリの内容を更新して Clean Exclusive にする。ここに再び書き込みを行うと Dirty Exclusive になる。Clean な状態に留まる可能性を増やすことで、書き戻しの損失を減らすことができる。この方法は実は無効化プロトコルの中では最も早い時期に提案されている。

- **コンペティティブキャッシュ**［Karlin86］　書き込み更新型で一定回数書き込むと、そのブロックを無効化する。書き込み更新型の欠点である書き込みによる共有バス混雑の増大を防ぐための方法だが、裏目に出るとデータ交換中のキャッシュを無効化してしまって混雑を増やすことになる。

- **リードブロードキャスト**［Eggers89］　ある書き込みにより無効化さ

れたキャッシュが複数存在する場合、そのうちの一つが読み出しを
行ってキャッシュ転送が行われると、同時にほかのキャッシュにもブ
ロックを送ってやる方法。

- **Forwarding 状態の付加**　Intel は Clean Exclusive 状態のキャッ
シュからブロックを供給できるプロトコルを同社のサーバー用プロ
セッサ（Xeon E7）に用いている。同様のアイディアを筆者らは文献
［Amano89］で提案しているが、Intel はこれを分散共有メモリへの
大規模化を目的として用いている点で異なっている。

第3章

共有メモリを用いた並列プログラム

Parallel Program

3.1 並列プロセスの fork-join

共有メモリはプログラマから見ると、どのように見えるだろうか？ 典型的な方法は、並列に動作するプロセス（スレッド）を想定し、それらの間で変数が共有されているモデルである。

まず、プログラマは単一のプログラムを想定し、ある処理を実行することで、複数の並行に動作するプロセスを生成する。この操作を **fork** と呼ぶ。このプロセスは一つのプロセッサ上で疑似的に並列実行される場合もあるが、マルチコアでは、実際に別々のコアに割り当てられて並列実行される。fork されたプロセスは、自分の**プロセス id** を取得し、その値に応じて個別の処理を行うことができる。プロセス間で変数は共有され、これを通じてデータのやり取りを行う。

図 3.1 に示すように fork されたプロセスは、さらに fork して子プロセスを生成することができる。一定の処理が終了すると、複数のプロセスは一つにまとまり、最終的には単一のプロセスとなって全体の処理を終了する。この操作を **join** と呼ぶ。すべてのプロセスが終了しなければ、join は行われないため、この操作は一種の同期の役割を果たすことができる。簡単な並列プログラムは fork-join の繰り返しで記述することができる。

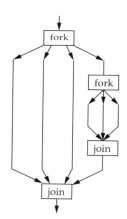

fork で生まれたプロセス（スレッド）
はメモリを共有する
join で全プロセスの待ち合わせを行う
→同期を取っている
簡単な並列プログラムは fork/join のみ
で制御できる→OpenMP

図 3.1　fork-join：並列プロセスの開始と終了

3.2　不可分命令とクリティカルセクションの実行

3.2.1　最も単純な不可分命令 Test&Set(x)

　共有メモリを用いたデータ転送における問題は、ほかのプロセスあるい
はプロセッサがいつ特定の変数、すなわち特定の共有メモリアドレスに書
き込むかわからない点にある。書き込むプロセッサが決まっている場合、
あとはその値が有効かどうかを示すためのビット（**フラグ**と呼ぶ）を設け
てハンドシェークを行えば良い。しかし、場合によっては一つのプロセッ
サを選んで、それが排他的に変数を扱う必要がある。

　単純な共有メモリを用いて排他を行うのは結構難しい。たとえばある変
数 x を 0 に初期化しておき、これを読み込んだプロセッサが即座に 1 を
書き込み、0 を読み込んだプロセッサを勝者とすれば良いのではないか、
と考えるかもしれない。しかし、一般的な共有メモリでは、0 を読み込ん
でから 1 を書き込むまでの間に、ほかのプロセッサが 0 を読み込む可能
性がないとはいえず、単純な読み出しと書き込みでは、排他制御を保証す
ることができない。この様子を**図 3.2(a)** に示す。すなわち、読み出しと書
き込みが不可分（indivisible あるいは atomic）に行われる必要がある。

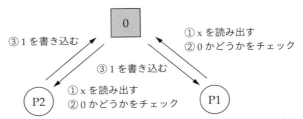

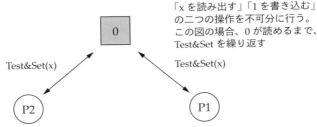

（a）P1 と P2 が同時に変数を読んだら？

（b）Test&Set(x)

図 3.2　不可分命令の必要性と Test&Set の実行

　これを保証するのが不可分命令で、最も単純な Test&Set(x) は、図 3.2(b) に示す通り、x を読み出して 0 ならば 1 を書き込む操作を不可分に行う。Test&Set(x) 命令を複数のプロセッサが実行した場合でも、0 を読み出すことのできるプロセッサは一つに限られる。この選ばれたプロセッサは、**図 3.3** に示す通り、ほかと競合する資源を扱うことができる。たとえば変数に対する書き込み、占有して用いる入出力装置の読み書きなどがこれに当たる。

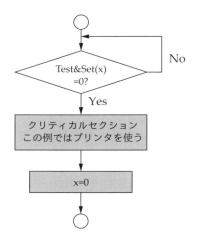

不可分命令があればクリティカルセクションをつくることが
できる→なんでもできる！　しかし、少し使いにくい

図 3.3　Critical Section の実行

　このように、ただ一つのプロセッサでのみが実行する必要のあるプログ
ラムの領域を**クリティカルセクション**（critical section；際どい領域）と
呼ぶ。クリティカルセクションを実行したプロセッサは、実行後、x に 0
を書き込む。このことにより、ほかのプロセッサの Test&Set(x) は成功
し、クリティカルセクションを実行可能となる。

3.2.2　さまざまな不可分命令

　不可分命令の本質は、読み出しと書き込みを一連の操作として、ほかか
ら邪魔されずに行うことにある。このため、用途に応じてさまざまな命令
が使われる。ここでは代表的なものを紹介しよう。

　最近、普及が進んでいる RISC プロセッサ **RISC-V**（リスク・ファイブ）
［PW18］は、その拡張命令 RV32A で各種不可分命令を装備している。

- Swap(x,y)
  共有メモリ領域の x とローカルメモリ領域の y を交換する。
  Compare&Swap はこれに比較の操作が入り、比較の結果に従って交換
  するかどうかを決める。RISC-V では amoswap がこれに当たる。さら

に amomin, amomax は比較を含む書き込みで一種の Compare&Swap として機能する。

- Fetch&Dec(x)
  共有メモリ領域の y を読み出して1引いた値を書き戻す。複数プロセッサに番号を割り当てるのに便利である。x が 0 になったら引き算を行わない場合（飽和型）もある。1足した値を書き戻す Fetch&Inc(x) もある。

- Fetch&Add(x,y)
  共有メモリ領域の x を読み出して y を加算して書き戻す。Fetch&Dec と Fetch&Inc の一般形である。RISC-V では amoadd（atomic memory operation add）としてこの命令を装備している。

- And-write(x,y)
  共有メモリ領域の x を読み出して y の論理積を取って書き戻す。論理和を行う Or-write もあり、共有メモリ上のビットマップを扱うのに便利である。RISC-V では amoand（論理積）、amoor（論理和）、amoxor（Exclusive-OR）がある。

- Fetch&φ(x,y)
  今までに挙げたすべての不可分命令の一般形。φ() は操作を示す。これが交換ならば Swap、加算ならば Fetch&Add、論理積ならば And-write になる。

- Load reserved（Load Linked）と Store Conditional
  Load reserved（RISC-V の lr 命令）は特定のアドレスから値を読み込むとともに、そのアドレスを記録する。次に同じアドレスに対して Store Conditional（RISC-V の sc 命令）を実行すると、Load reserved を実行した変数に、ほかのプロセッサが同じアドレスに対して書き込みした後か、コンテキストスイッチが起きた後であると値の書き込みは失敗し、1 が返る。そうでなければ書き込みは成功し、0 が返る。Store Conditional に成功するかどうかで排他制御の実装は可能で、ほかの方式よりも実装上の効率が良い。

【例題 3.1】あるプロセッサ A が n 台のプロセッサにデータを転送したい。Fetch&Dec(x) を用いて、n 台すべてが受け取ったことを確認した

い。どのようにすれば良いか？

解説

プロセッサ A：

```
int c = 0;
A: Write Data;
c = n;
while (c != 0) wait;
```

受信側のプロセッサ：

```
if (Fetch&Dec(c) != 0)
    Read Data;
```

　A はデータを書きこんでから、c を n に設定し、これが 0 になるまで待つ。受信側のプロセッサは c が 0 でなくなり、A がデータを書き込むまで待ってからデータを読み出し、不可分命令で c をカウントダウンする。A は c が 0 になるのをチェックすることで、転送が終了したことを知ることができる。

【例題 3.2】 Test&Set(z) を用いて int Fetch&Add(int x,y) を実装せよ。

解説　まず Test&Set により、排他制御を行い、クリティカルセクション内で、ローカル変数 ans に加算結果を蓄えておいてから共有変数 x に書き込み、z = 0 にしてクリティカルセクションを解放してから値を戻す。

```
int z = 0;
int Fetch&Add (int x, y) {
    int ans;
    while (Test&Set(z) != 0) wait;
    ans = x + y; x = ans;
    z = 0;
    return ans;
}
```

3.2.3　セマフォ

　共有メモリ型の並列コンピュータにおけるプロセッサ間の同期は、OS

によるプロセス間の同期と類似している。これはユニプロセッサであっても並行プロセスはどのタイミングで切り替わるかわからないので、操作の間コンテキストスイッチを起こさない命令が必要になる。セマフォは、P（ウェイト）命令とV（シグナル）命令から成り、それぞれ以下の機能を持つ。

　P(s)：s = 1 になるのを待ち、なったら不可分に 0 にする。

　V(s)：s = 0 になるのを待ち、なったら不可分に 1 にする。

　セマフォは、今まで紹介した不可分命令とほぼ同じ機能を持っている。上記は 0 と 1 からなるバイナリセマフォだが、カウンタを +1、−1 するカウンティングセマフォも使われ、これは Fetch&Inc, Fetch&Dec と類似する。

3.2.4　不可分命令の実装

　読み出しと書き込みをほかから妨害されないように行うためには、一連のバストランザクションで読み書きを行いマスタ権を握りっぱなしにするなどの工夫が必要となる。いずれにせよ、不可分命令は、複数のプロセッサがクリティカルセクションの実行権を取るまでに繰り返し実行する傾向（図 3.2 の Test&Set は 0 が読めるまで実行を繰り返す）があり、共有バスの利用率が高くなってしまう。

　これを防ぐため、不可分命令の実行前に一度共有変数を読み出して事前チェックを行う。たとえば、Test&Set(x) を実行する前に、まず x を読み出し、0 であることを確認する。x が 1 であれば、Test&Set が成功する見込みはないので、読み出しを続ける。この読み出しは、すべてスヌープキャッシュ上でヒットし、共有メモリを使わない。

　クリティカルセクションの実行を終えたプロセッサが x に 1 を書き込むと、スヌープキャッシュ上の値が無効化され、読み出しがミスヒットし、共有バスを使って 1 がキャッシュまでコピーされる。ここで 1 になっていることを確認して、Test&Set を実行する。このときは共有バスが使われ、どれかのプロセッサのみが選ばれて x=0 を取得する。この方法をTest-and-Test&Set と呼ぶ。

　Load Linked と Store Conditional は、各プロセッサにリンクレジスタを設け、スヌープキャッシュ同様、Store Conditional の実行時にア

ドレスをバスに流してやり、リンクレジスタを無効化することで、効率的な実装が可能である。

3.3 バリア同期

3.3.1 単純バリア

バリア同期は、関連するすべてのプロセッサが足並みを揃えて待ち合わせをする同期方式である。**図 3.4** に示すように、あるプロセッサは、バリア命令を実行すると、ほかのすべてのプロセッサが実行するまで先に進むことができない。全部のプロセッサが実行すると、バリアが成立し、先に進むことができる。

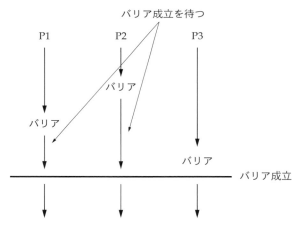

バリア同期は不可分命令があればつくることができるが、
専用のハードウェアを用いる場合もある

図 3.4 バリア同期

実際の並列プログラムでは、それぞれのプロセッサが計算を行った結果を共有メモリに書き込み、ほかのプロセッサの結果を使って次の反復で同様の計算をする場合が多い。この際、自分の結果を書き込んでからバリア命令を実行すれば、バリアが成立したときには、次の反復で利用するデータがすべて有効になっており、安心して次の反復に進むことができる。

この方法は、遅いプロセッサの実行にすべてが律速されるが、多くの場合には手軽で効率の良い同期が実現できる。バリア同期は不可分命令を用

いて実装することが可能だが、簡単なハードウェアで実現可能なので、デバッグ用に装備しておくのも便利である。

【例題 3.3】 プロセッサ 0, 1, 2 がそれぞれ自分の受け持ちの数の最大数を見つけるプログラム findmax() を実行し、共有変数の配列 max[pid] に書き込む。その後プロセッサ 0 がその中で最大数を見つけて出力するプログラムの疑似コードを示し、どこでバリア同期を用いるかを示せ。

解説
各プロセッサ：
```
int num[3][nummax], max[3];   //共有変数
max[pid] = findmax(num[pid]);
barrier;
if(pid == 0) printf("max = %d\n", findmax(max));
```

3.3.2 Fuzzy Barrier [Gupta89]

単純なバリアはすべてのプロセッサがバリア命令を実行すれば成立する。これを二つの段階に分離して、待ち時間を減らす方法を Fuzzy Barrier と呼ぶ。この方法では、自分の結果をすべて書き込んだときに Prepare（準備）命令を実行する。次に自分がほかのプロセッサの計算した結果を読み出す直前に Synchronize（同期）命令を実行する。図 3.5 に示す通り、すべてのプロセッサが Prepare または Synchronize を実行するとバリアは成立する。

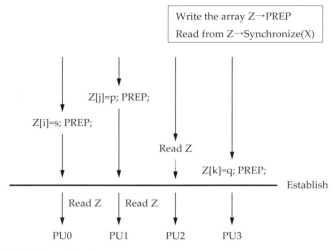

図3.5　**Fuzzy Barrier**

　この手法は、自分の計算結果を書き込んでから、次の処理に移ってほかのプロセッサの処理した結果を利用するまでに一定の処理を行う場合に、より柔軟にバリアが成立することから効率が上がる。類似の方式にElastic Barrier［松本91］がある。単純バリアを線バリアと呼んで、この種のバリアを面バリアと呼ぶ場合もある。プロセッサのグループを定義して、そのメンバ内にのみバリアの成立を考えるグループバリアも用いられる。

3.4　OpenMP による並列プログラム

　それでは最も簡単な並列プログラムの枠組みである OpenMP［片桐15］を用いてみよう。

3.4.1　OpenMP の指示文

　OpenMP は C/C++ 言語で書かれたプログラムに指示文（pragma, directive）を付けることにより並列化を明示的に指定する並列プログラムの方式である。指示文で並列に生成されたプロセス間は、基本的にすべての変数を共有し、これを介してデータをやり取りする。OpenMP は、gcc

（GNU compiler collection）のライブラリとして標準的に装備されており、ほとんどの環境で利用可能である。ここでは簡単にこの利用法を紹介する。

OpenMP の基本実行モデルを**図 3.6** に示す。

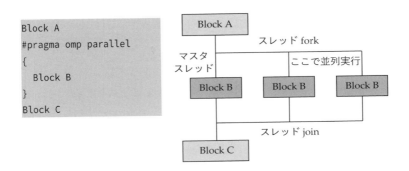

環境変数：OMP_NUM_THREADS で実行スレッド数を設定

図 3.6　OpenMP の基本実行モデル

並列実行のための指示文は以下のとおりである。

```
#pragma omp parallel
{ ... }
```

カッコで囲まれた Block B は図 3.6 に示すように fork されて並列に実行され、終了後、join される。この間変数は共有される。実際にこの #pragma omp parallel の中で記述されるのは、基本的に同じ動作を並列に行う for 文、do 文と、異なった動作を行う section 文である。最も一般的に用いられる for 文の例を**図 3.7** に示す。

```
#pragma omp parallel
{
#pragma omp for
    for(i = 0; i < 1000; i++) {
        c[i] = a[i] + b[i];
    }
}
```

```
#pragma omp parallel for
    for(i = 0; i < 1000; i++) {
        c[i] = a[i] + b[i];
    }
```

図 3.7　OpenMP の for 文
反復は各スレッドに等分に割り当てられる

　#pragma omp parallel と #pragma omp for をまとめて、#pragma omp parallel for と書くことができ、実際上はこちらがよく使われる。指示文で指定された for 文のそれぞれの反復は、それが並列処理可能ならば、現在利用可能なプロセッサ数に均等に割り当てられて実行される。for 文では、基本的には同一の処理が各プロセッサで実行されるのに対して、section 文は、図 3.8 に示すようにそれぞれの関数（サブルーチン）を並列に実行する。

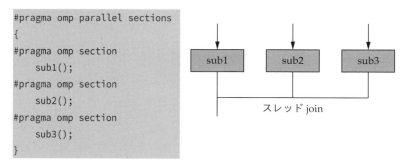

```
#pragma omp parallel sections
{
#pragma omp section
    sub1();
#pragma omp section
    sub2();
#pragma omp section
    sub3();
}
```

sub1　　sub2　　sub3

スレッド join

図 3.8　OpenMP の sections 文
三つの違った処理が並列に実行され、終了時に同期される

【例題 3.4】倍精度浮動小数の行列 A[SIZE][SIZE] とベクトル x[SIZE] の乗算を行うプログラムの一部を、OpenMP を用いて並列化せよ。

解説
```
double A[SIZE][SIZE], x[SIZE],y[SIZE];
int i,j;
```

```
for(i = 0; i < SIZE; i++) {
    y[i] = 0;
    #pragma omp parallel for
    for(j = 0; j<SIZE; j++)
    y[i] += A[i][j] * x[j];
}
```

　ここでは、2重ループのうち内部のループが並列化される。

　OpenMP では指示文に付け加えて補助的に指示を与える補助指示文（sub-directive）が用意されている。最も一般的なのは private sub-directive で、指定する変数をローカルに持たせる。**図 3.9** では firstprivate が使われている。この補助指示文では c を値ごとにコピーし、各プロセッサでローカルに保持するので高速に実行が可能である。**図 3.10** の例では、2重ループの中の j を private 指定している。private 指定は初期値をコピーしないでローカル領域に置く指定であり、j はそれぞれのプロセッサでコピーされ、独立にカウントアップされる。この指定がないと、複数のプロセッサがそれぞれに同じ j をカウントアップするため、プログラムが正しく実行されない。

```
c = ...;
#pragma omp parallel for firstprivate(c)
    for(i = 0; i < 1000; i++) {
        d[i] = a[i] + c * b[i];
    }
```

図 3.9　private sub-directive 文
c は各スレッドにコピーされる→高速実行が可能

```
#pragma omp parallel for private(j)
    for(i = 0; i < 100; i++) {
        for(j = 0; j < 100; j++)
            a[i] = a[i] + amat[i][j] * b[j];
    }
```

図 3.10　private sub-directive の利用
この文を **private(j)** なしに実行したらどうなるだろうか？→答えは、すべてのスレッドで j が更新される→エラー！

リダクション補助指示文（reduction sub-directive）は、配列の要素すべての総和を取る場合などのリダクション演算を行う指示文である。リダクション演算は配列を並列に動作するプロセッサに分散して演算し、答えを集めて一つにする必要があり、並列処理の操作が面倒である。reduction sub-directive は図 3.11 に示すように演算子と答えの入る変数を指定することで、これを自動的に行ってくれる。

```
#pragma omp parallel for reduction(+:ddot)
    for(i=0; i<100; i++) {
        ddot+= a[i]*b[i];
    }
```

図 3.10　**reduction sub-directive**：リダクション演算は、データを足し込んでいく演算で、よく用いられる。並列実行は、この **sub-directive** を使わないと難しい。

3.4.2　OpenMP の実行

OpenMP の指示文を使うプログラムは #include <omp.h> を指定する必要がある。これにより、いくつかの組み込み関数が使える。omp_get_num_threads() は現在実行可能なスレッド数を返す。omp_get_thread_num() は自分のスレッド番号を返す。この値によって処理を変えることができる。また omp_get_wtime() は double 型で実行時刻を返してくれるので、チューニングに用いることができる。コンパイルには、-fopenmp オプションを付け

```
$ gcc -fopenmp XXX.c -o XXX
```

のように実行すればよい。

通常、Linux 環境ではその PC で実行可能なプロセッサ数で並列実行が行われるが、その数は環境変数 OMP_NUM_THREADS で制御することができる。たとえば

```
$ export OMP_NUM_THREADS=8
```

などで実行するプロセッサ数を変えることができる。もちろん、実際に存在するプロセッサ数よりも多く指定しても性能は上がらない。

第4章

分散共有メモリ方式（NUMA）

Non-Uniform Access Memory Model

　集中共有メモリ方式は、規模がどうしても8コア前後で限界に達する。それ以上に規模を大きくするためには、共有メモリを分散させるしか手がない。これを行うには**図4.1**に示すように、それぞれのノードにメモリを持たせ、全体として一連のメモリであるかのように見せれば良い。

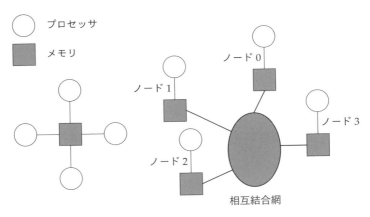

（a）メモリが1か所に集中：　　　　　（b）メモリが分散：NUMA
　　　UMA、いわゆるマルチコア

図4.1　集中共有メモリと分散共有メモリ

　図4.1で示すノードは単一のプロセッサではなく、集中共有メモリ型のマルチコアのチップから構成される場合が多い。この場合、自分のノードに接続されているメモリの領域は高速でアクセス可能だが、ほかのノード

のメモリはネットワークを介するため、アクセスが遅くなってしまう。すなわち **Non-Uniform Access Memory model**（**NUMA**）となる。

　NUMA の中で、ほかのノードのメモリ領域をキャッシュ可能で、一貫性をハードウェアで保証してくれるものを **CC-NUMA**（Cache Coherent NUMA）と呼ぶ。CC-NUMA は、遠隔地のブロックをキャッシュすることで高速にアクセス可能だが、一貫性を保証するハードウェアを必要とするためコストが高くなる。

4.1　ディレクトリ方式

4.1.1　基本的なディレクトリ方式

　スヌープキャッシュは、共有バスという排他的かつ全員がチェックできる資源を使ってキャッシュの一貫性を簡単に管理することができたが、共有バスの混雑により規模に制限が加わった。ディレクトリ方式は、それぞれのノードのメモリ（L2/L3 キャッシュ）に管理用のハードウェアを設けるとともに、各キャッシュブロックに対して共有情報を持たせる。すなわち、アクセスする領域によって、管理を行うメモリが決まることになる。これを**ホームメモリ**と呼ぶ。複数のノードがそれぞれ別のホームメモリをアクセスする場合、そのキャッシュ管理のためのアクセスは、それぞれのホームメモリで分散される。

　ここでは、ノード 0 のホームメモリをほかのノードがアクセスする場合を考える。アクセス対象のメモリブロックにはそのブロックの状態を示すビットと、各ノードの共有関係を示すビットマップを装備している。このビットはそれぞれのノードに対応する。

　ここでは、キャッシュブロックの状態は

　U：Un-cached；キャッシュされていない

　S：Shared；キャッシュされているが内容は一致している

　D：Dirty；書き込みを行ったキャッシュがあり、ブロックの内容は最新ではない

の 3 状態を使う。ビットマップはそれぞれノード 0, 1, 2, 3 に対応する 4 ビットを持つ。

　各ノードのキャッシュブロックはそれぞれ次の状態を持つ。

Ｉ：Invalidate；無効化されている

Ｓ：Shared；ホームメモリと同一内容でキャッシュしている

Ｄ：Dirty；書き込んでホームメモリと内容が一致しない

以下に例を示しながらブロックをキャッシュする様子を示す。

（1）ノード3がノード0のホームメモリを読み出しする場合（図4.2）

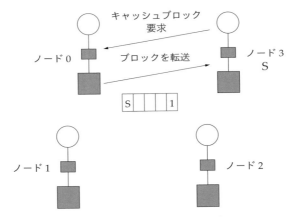

図 4.2　キャッシュの制御（ノード3読み出し）

① 　ノード3が読み出したアドレスが、ノード0のホームメモリの領域
の場合、キャッシュブロックの読み出し要求信号をノード0に送る。

② 　ノード0は、要求メッセージを受け取り、ディレクトリを参照する
ことで、要求されたブロックが状態Uであることを知り、以下の操
作を行う

　ⅰ）状態をSに変更

　ⅱ）要求元のノード3に相当するビットマップに1をセット、すな
わちビットマップは0001になる

　ⅲ）ノード3に要求されたキャッシュブロックを転送

③ 　ノード3はキャッシュブロックを受け取るとキャッシュ領域に取り
込み、その状態をSにする。

上記の様子を図4.2に示す。読み出しアクセスならば、どのノードが要

求しても同様な処理を行う。**図 4.3** では続けてノード 1 が読み出し要求を出した場合を示す。この場合、ホームメモリの状態は S、ビットマップは 0101 になり、ノード 0, 3 のキャッシュブロックの状態は S となる。以降、ノード 0, 3 の読み出しについてはホームメモリにお伺いを立てずにキャッシュを読むことができる。

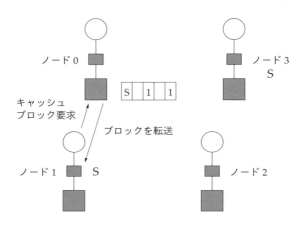

図 4.3　キャッシュの制御（ノード 1 読み出し）

では、次にノード 3 が書き込み要求を出す場合はどうなるだろう。

（2）ノード 3 が書き込み要求を出す場合（図 4.4）

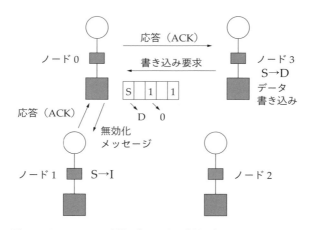

図 4.4　キャッシュの制御（ノード 3 書込み）

① ノード3は書き込み要求をホームメモリに送り、待ち状態になる。

② ノード0は、ディレクトリを検索し、このブロックがSで、ビットマップからノード1とノード3が同一ブロックを共有していることを知る。

③ ノード0は、ビットマップが1であるノードのうち要求元を除いたもの、すなわちノード1に対して無効化メッセージを転送する。ビットマップが1であるノードが複数あればすべてに無効化メッセージを転送する必要がある。

④ 無効化要求を受け取ったノード1は、自分のキャッシュの状態をIとして、処理終了の応答（ACK）メッセージをノード0に送る。

⑤ ノード0は、すべてのノードから無効化要求を受け取ったら、
　ⅰ）自分の状態をDとし、
　ⅱ）要求元を残してビットマップをクリアする（0001となる）。次に
　ⅲ）書き込み許可を知らせる応答（ACK）メッセージを要求元のノード3に送る。

⑥ これを受け取ったノード3は、キャッシュに書き込みを行い、自分のキャッシュの状態をDとする。以降、キャッシュの読み書きともにホームメモリのお伺いを立てずに行うことができる。リプレイスされる場合は、ホームメモリにブロックの書き戻しを行わなければならない。

　上記の処理はメッセージのやり取りが煩雑だが、基本的にスヌープキャッシュの処理と同じである。共有バスを持たないため、すべての共有ノードに無効化メッセージを送り、このための応答を集める操作が必要になる点が違うだけである。ここで、ほかのノードが読み出し/書き込み要求を出した場合の処理もスヌープキャッシュと同様の方法で可能である。

（3-1）D 状態のキャッシュに対してノード 2 が読み出し要求を出す場合（図 4.5）

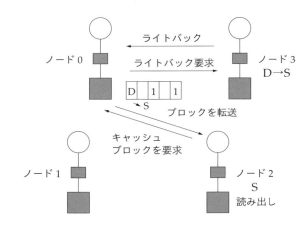

図 4.5　キャッシュの制御（ノード 2 読み出し）

① 　ノード 2 はホームメモリに対して読み出し要求を送る。

② 　ノード 0 はディレクトリを検索し、要求されたブロックが D 状態で、ビットマップよりノード 3 が最新の状態を持っていることを知る。これに従い、書き戻し要求をノード 3 に送る。

③ 　ノード 3 は、書き戻し要求を受け取り、要求されたキャッシュブロックを書き戻しメッセージに載せてノード 0 に対して転送する。

④ 　ノード 0 は書き戻しメッセージを受け取ると

ⅰ）これをホームメモリに書き戻す。

ⅱ）書き戻しされたブロックを要求元のノード 2 に転送する。

ⅲ）キャッシュブロックの状態を S とし、要求元のノード 2 とブロックの転送元のノード 3 のビットマップをセットする（0011）。さらにノード 3 に応答（ACK）メッセージを転送する。

⑤ 　ノード 2 は、キャッシュブロックを受け取り、キャッシュブロックの状態を S とする。ノード 3 は応答メッセージを受け取り、自分のキャッシュブロック状態を S とする。

以降、ノード 2, 3 は、ホームメモリにお伺いを立てずに読み出しを行

うことが可能となる。

これも、スヌープキャッシュの書き戻し処理と同じである。では、やや
しつこいが、今の処理では、ノード2は読み出し要求を出したが、これが
書き込み要求だったらどうなるだろう。

（3-2）D状態のキャッシュに対してノード2が書き込み要求を出す場合（図4.6）

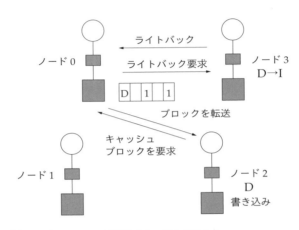

図4.6　キャッシュの制御（ノード2書込み）

先の操作のうち、④でノード2の要求が書き込みであることがわかる
と、ii）キャッシュブロックの状態をDとして、要求元のノード2のみの
ビットマップをセットし（0010）、ノード3に応答（ACK）メッセージを
転送する。

⑥　ノード2は、キャッシュブロックを受け取り自分の状態をDとす
　　る。ノード3は応用メッセージを受け取り、自分の状態をIにする。

この操作も基本的にスヌープキャッシュと同じであることがわかるだろ
う。スヌープキャッシュに比べるとディレクトリキャッシュの操作は多数
のメッセージを伴い煩雑になる。しかし、複数のノードが同時に違った
ホームメモリにアクセスを行う場合、処理が分散されるので、単一の共有
バスに頼るスヌープキャッシュに比べてノード数の増加に強い。

では、同じキャッシュブロックに対して複数のノードから同時に要求が

あった場合はどうなるだろう。複数のノードからの要求は、ホームメモリで受け付けた順に上記の処理が行われ、処理の途中で別の要求を受け付けることは行わない。ホームメモリ以外のノードも、ホームメモリからの応答メッセージが来るまでに、そのキャッシュブロックにアクセスがあった場合は待たせておくことで、基本的には安全に処理を行うことができる。

> **【例題 4.1】** ノード 1 〜 3 が、ノード 0 のホームメモリ上の同一キャッシュブロックに以下のアクセスを順に行った。各ノードのキャッシュの状態、ホームメモリのディレクトリの状態とビットマップの変化を示せ。
> ① ノード 1 が読み出し
> ② ノード 2 が読み出し
> ③ ノード 1 が書き込み
> ④ ノード 3 が書き込み
> ⑤ ノード 2 が読み出し

解説 読み出しを R、書き込みを W とすると次のようになる。

	ホームメモリ	ノード 1	ノード 2	ノード 3
①ノード 1 R	S 0100	S	-	-
②ノード 2 R	S 0110	S	S	-
③ノード 1 W	D 0100	D	I	-
④ノード 3 W	D 0001	I	I	D
⑤ノード 2 R	S 0011	I	S	S

4.1.2 ディレクトリ方式の性能向上

ディレクトリ方式はスヌープ方式と異なり、Clean Exclusive 状態を導入しても効率の向上には繋がらない。これは、ほかにコピーがあろうがなかろうが最初に書き込みを行う際に、その旨をホームメモリに知らせるメッセージを送る必要があるためだ。

しかし、オーナーシップと同じ考え方で、ホームメモリに書き戻しを行わず、直接キャッシュ間転送を行うことは可能である。**図 4.7** に、この様子を示す ［Lenoski92］。

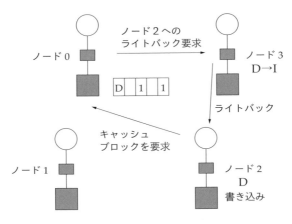

D のキャッシュが要求元に直接データを送る

図 4.7　キャッシュ間直接転送

　D 状態のホームメモリに対して読み出し要求があった場合、ホームメモリは最新の状態を持っている D（Owned Exclusive）状態のキャッシュに対して、書き戻し要求を出す代わりに、直接要求元のキャッシュにブロックを送るように指示する。

　この方式により、ホームメモリに逐一書き込んで一致を取ってから転送する必要はなくなり、ブロックを送ったキャッシュは OS（Owned Sharable）状態になり、以降ホームメモリとの一致の責任を持つ。要求を出したキャッシュは US（Unowned Sharable）になる。OS 状態への書き込みはホームメモリに要求を出して US 状態のキャッシュに対して無効化メッセージを発生してもらわなければならないし、リプレイスされる際はホームメモリに書き戻しを行う。

4.1.3　ディレクトリのコスト削減

　ディレクトリ方式は、ホームメモリのブロックごとにディレクトリのエントリを設ける必要があり、その容量はホームメモリの容量に応じて大きくなる。さらに、単純なビットマップを用いるフルマップ方式は、システム内のノード数に応じて大きくなるため、ホームメモリが大きく、システ

ムサイズも大きい場合にそのコストは膨大なものとなってしまう。

　このため、ディレクトリを圧縮して持たせる方法がいくつか提案されている。

（1）リミテッドポインタ方式 ［Agarwal88］

　ビットマップの代わりにノード番号を入れておく方法は、格納するノード数を限定すればコストを小さくすることができる。これが図4.8 に示すリミテッドポインタ方式である。ブロックを共有するノード数は一般的なアプリケーションプログラムでは多くないので、少数のポインタで通常は間に合う。問題は数が足りなくなった場合で、以下の方法が提案されている。

　ⅰ）どれかを選んで無効化してしまう。

　ⅱ）溢れたらメッセージを全ノードに対してブロードキャストする。

　両方ともやや乱暴な方法だが、溢れる頻度が少なければ性能低下はさほど大きくない。これに対して溢れた場合はノードに割り込みを掛けてソフトウェアに管理を任せる方法もある［Chaiken91］。これも性能低下は避けられないが、前者二つよりは小さい。

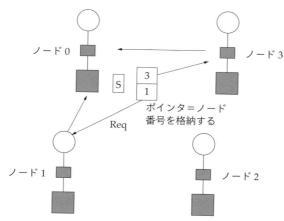

図4.8　リミテッドポインタ

（2）チェインドディレクトリ方式 ［James90］

　ホームメモリからキャッシュに対してポインタを設けて、図4.9 に示すようにキャッシュ間でリンクドリストをつくってしまう方式をチェインド

ディレクトリ方式という。無効化などのキャッシュ制御はこのリンクドリストをたどって行う。ポインタは各ノードのキャッシュディレクトリに状態とともに設ければ良いので、コストは小さくて済む。この方式ではメッセージをたどるのにノード間のメッセージ転送が必要で、時間が掛かるのが欠点である。また、キャッシュからブロックがリプレイスされる場合は、リンクドリストの繋ぎ変えが必要で手数がかかる問題もある。リンクをたどる時間を減らすためにツリー状に構成する方法も提案されている。

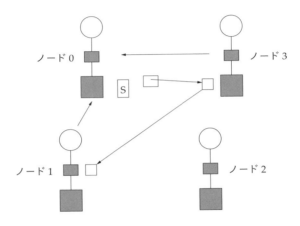

ポインタをキャッシュ上に置ける
→効率が良いが時間がかかる

図 4.9　キャッシュ間のリンクを構築

（3）ディレクトリキャッシュ方式

　ホームメモリのディレクトリ自体をキャッシュしてしまう方式をディレクトリキャッシュ方式［Michael99］という。この方式では、メッセージを制御するコントローラはホームメモリではなくディレクトリキャッシュに設け、ほかのノードからのアクセスはディレクトリキャッシュに送られ、制御される。本体のディレクトリは、ハッシュなどを用いて圧縮した形で持たせているため、ミスした場合はアクセスがやや複雑になる。

【例題 4.2】ノード数が 32 の場合、フルマップ方式、ポインタを四つ持つリミテッドポインタ方式では、それぞれディレクトリの 1 エントリ当たりどの程度のメモリが必要か。ノード数が 1024 になると、どうなる

解説 フルマップ方式ではそれぞれ 32 ビットと 1024 ビット必要。リミテッドポインタ方式ではそれぞれ $5 \times 4 = 20$ ビット、$10 \times 4 = 40$ ビットとなり、ノード数が多いほどその差が大きくなる。

4.2 メモリコンシステンシィモデル

分散共有メモリ型並列コンピュータは、それぞれのノードのメモリを、リモートにアクセスする必要がある。このため、メモリのアクセス自体をきちんとモデル化する必要性が生じた。これがメモリコンシステンシィモデルである。

4.2.1 シーケンシャルコンシステンシィ

メモリコンシステンシィモデルでは、まず正しいアクセス、すなわちシーケンシャルコンシステンシィを定義している。**図 4.10** は文献［Adve90］に掲載された有名な例である。

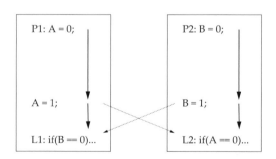

L1 と L2 が同時に実行されないこと
これを実現するためには書いた値を即座に読み出すことが
できなければならない

図 4.10 シーケンシャルコンシステンシィ

プロセッサ 1（P1）は、A を 0 にし、一定の処理の後これを 1 にする。しばらく処理を行った後、B が 0 ならば L1 を実行する。一方 P2 は、B を 0 にし、一定の処理の後これを 1 にする。しばらく処理を行った後、A

が 0 ならば L2 を実行する。シーケンシャルコンシステンシィは、L1 と L2 が同時に実行されることがないことを保証する。

このためには、P1、P2 両者が、①（書き込み→読み出し）、（書き込み→書き込み）、（読み出し→書き込み）の順序を変えない。二つの読み出し間の順序は変えても良い。②互いの書き込みが瞬時に共有メモリに反映される、の二つの条件を満足する必要がある。P1, P2 の書き込み、読み出しの順序が変わったり、値の書き込みが変数に反映されるのに少しでも遅延が入ると L1 と L2 を両方が実行してしまう可能性が生じる。もちろん、集中共有メモリでも分散共有メモリでも遅延なしでの書き込みは不可能だが、集中共有メモリではバスの書き込みが順番に行われることでこれを守ることができる。

分散共有メモリでも、ホームメモリでアクセスを逐次化して、応答メッセージを使って関連するノードのメモリアクセスを待たせてやれば、シーケンシャルアクセスを守ることが可能である。しかしすべてのメモリアクセスに対してこれを実現するのは損失が大きい。そもそも普通のユニプロセッサであってもメモリアクセスは、それが異なった番地に対するものならば必ずしも厳密に守ってはいない。

4.2.2 Total Store Ordering（TSO）と Partial Store Ordering（PSO）

ユニプロセッサは、プログラムの順番を守って実行するインオーダー実行で場合であっても、書き込みを行ったデータがメモリに書き込まれるのを待たずに、書き込みデータをライトバッファに入れてしまって、次の命令を実行する。次の命令が読み出しで、アクセスする番地が違えば、ライトバッファ中の書き込みを追い越してしまうことが普通にあり得る（番地が同じならばライトバッファから読み出しを行う）。この実装は（書き込み→読み出し）の順序関係を守らない（緩和した）ので、既にシーケンシャルコンシステンシィではなくなってしまう。これを Total Store Ordering（TSO）と呼ぶ。

TSO は IBM Sytem/370 の昔から使われている。では書き込み間の順番は守る必要があるだろうか？　これも番地が違えば特に守る必要はないだろう。この考えに基づき（書き込み→書き込み）間の順序関係を緩和したモデルを Partial Store Ordering（PSO）と呼ぶ。TSO も PSO も、同期命

令（ユニプロセッサの場合はプロセス間の同期）とメモリアクセス命令、同期命令どうしの間ではシーケンシャルコンシステンシィが成立しなければならない。すなわち、すべてのアクセスは同期命令が実行されるまでに終了していなければならない。このルールを守れば、それぞれの条件で緩和してもメモリは正しく動作する。

【例題 4.3】あるホームメモリ上の異なった共有メモリ領域に順に以下のアクセスを行った。

　　同期→書き込み A →書き込み B →読み出し C →読み出し D →
　　同期→読み出し E →書き込み F →書き込み G →同期
　シーケンシャルコンシステンシィは読み出し C →読み出し D 以外のすべての順序を守る必要がある。PSO、TSO のそれぞれで、守る必要のない順序はどれか？

解説　PSO は（書き込み→読み出し）の順序は守らなくて良い。このため、書き込み B →読み出し C、書き込み B →読み出し D の順序は守らなくて良い。TSO は（書き込み→書き込み）の順序を守らなくて良い。このため、書き込み A →書き込み B の順序を守る必要はない（このため書き込み A →読み出し C, D の順序も守らなくて良くなる）。同様に書き込み F →書き込み G の順序を守る必要はない。

4.2.3　ウィークコンシステンシィ（弱いコンシステンシィ）

アウトオブオーダ実行のユニプロセッサやマルチコアでは、書き込みが読み出しを追い越してしまうことも普通にあり得る。この場合、すべてのメモリアクセスは番地が異なれば任意の順番で実行しても差し支えないのではないか。という考えが生まれる。もちろん、同期命令とメモリアクセス命令、同期命令どうしの間ではシーケンシャルコンシステンシィが成立している必要がある。

ホームメモリのコントローラで、上記のシーケンシャルコンシステンシィを実現し、共有メモリを用いたデータ転送では必ず同期操作を用いることにすれば、分散共有メモリのアクセス制御はこれから紹介するウィークコンシステンシィに基づいて行うことができる。すなわち、メモリアクセス間の順序はアドレスが違えば守る必要はない。このことにより、各

ノードはホームメモリからの応答メッセージを待たずに、次のメモリアクセスに移ることができる。

【例題 4.4】例題 4.3 と同じアクセス順序について、ウィークコンシステンシィで守る必要のない順序はどれか。

解説 同期命令間のすべてのアクセスの順序は守る必要がない。同期開始後にすべてが終わり、終了後までどのアクセスも開始しないことが保証されればよい。

4.2.4 リリースコンシステンシィ［Gharachorloo91］

第 3 章に紹介したように、同期操作は一般的に

- 排他制御を行ってクリティカルセクションに入る部分（アクワイア（獲得；Aquire）と呼ぶ）
- クリティカルセクションを解放して、ほかのプロセッサ（プロセス）にその利用を許す部分（リリース（解放；Release）と呼ぶ）

から成っている。これを分けて管理することにより、複数のクリティカルセクションの並行実行が可能になる。すなわち、新しいメモリアクセスはアクワイアが終了してから発行し、リリースはその終了を待って行うとする。

　このような制約を行うことで**図 4.11** に示すように複数の互いに関連のないクリティカルセクションを並列実行することが可能になる。このコンシステンシィモデルは、リリース時までにすべてのアクセスを終了させる必要があることからリリースコンシステンシィと呼ばれる。CC-NUMAでは同期の実装上、このリリースコンシステンシィに基づいてメモリのアクセスを行っているものが多い。最近一般的になっている RISC-V で並列システムを構成する場合にこの保証を行うための FENCE 命令を装備している［PW18］。

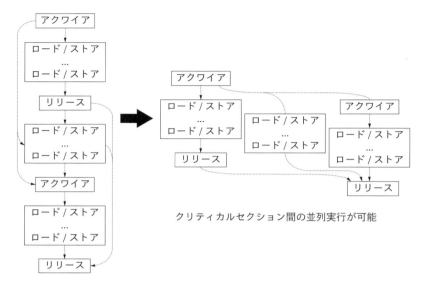

クリティカルセクション間の並列実行が可能

図4.11　リリースコンシステンシィ

4.3　さらなる大規模化

　最近のサーバは、チップ内のコアではスヌープ方式を用い、それよりも外部ではディレクトリ方式を利用することで、千ノード規模のシステムで一貫性の取れたキャッシュを実現する。これ以上のサイズを持つスーパーコンピュータクラスの NUMA では、キャッシュの一貫性を維持する範囲を一定の領域に定め、それを越した領域については単純にメモリ空間を共有するだけで、一貫性を保証しない場合もある。たとえばスーパーコンピュータ「京」では、一貫性を保証しない代わりにリモート DMA（Direct Memory Access）機構を持つことで、遠隔ノードのデータ領域を低オーバーヘッドでコピーすることを可能としている。

第5章

クラスタ・NORA (NORMA)

Cluater, NORA and NORMA

　並列コンピュータをつくる最も簡単な方法は、コンピュータどうしを何らかのネットワークで接続して、データを交換できるようにすることである。Ethernet で接続されている複数のコンピュータは、それがファイル共有システムでファイル共有しているだけならば並列コンピュータとは言えないが、何らかの形でプログラムどうしがデータ交換をしながら動作することができればそれは並列コンピュータと言える。

　このために数値計算用には PVM (Parallel Virtual Machine) や MPI (Message Passing Interface) [片桐13] などのメッセージパッシング用のライブラリが用意されている。ビッグデータを処理用するデータセンターでは、単独の要求に対して MapReduce などのプログラミング手法で並列検索を行うことができる。これらの共有メモリを持たない並列コンピュータは、クラスタあるいは NORA, NORMA (No-Remote Memory Access model) と呼ばれる。

　クラスタは、高速なネットワークでコンピュータを接続すれば良いので、最も低コストで大規模なシステムをつくることができる。クラスタ型コンピュータの鍵を握るのは、コンピュータ間を接続する結合網で、多くのクラスタでは、InfiniBand [Paul10] と呼ばれる SAN (System Area Network) 用の低レイテンシィの専用結合網を用いるか、40G/100G の高速 Ethernet を用いている。

　最近では、これらのネットワークを用いた多入力、多出力のスイッチにより高バンド幅のネットワークを構築する手法（ハイラディックスネットワーク）が用いられる。これらの結合網については、**6章**に紹介すること

にし、ここではいくつかクラスタ型のアーキテクチャに触れ、メッセージパッシング用ライブラリとして MPI を紹介する。

5.1　ベオウルフ型クラスタ（PC クラスタ）

　1990 年代、専用のプロセッサと専用のネットワークを用いたスーパーコンピュータが高性能計算の主流を占めていた。ベオウルフ型クラスタ［Starling01］はこれに対抗して 1994 年に NASA（アメリカ航空宇宙局）で始まったプロジェクトで、安価かつ簡単に大規模な並列計算環境をつくるために以下の 4 点を方針として掲げた。

①　コモディティの PC を利用する。
②　コモディティのネットワーク（Ethernet）を利用する。
③　コモディティのソフトウェア（Linux）を利用する。
④　プログラムは PVM、MPI などのメッセージパッシングライブラリにより行う。

　この方式はメッセージ交換のプログラムを書かなければならない点でプログラマの負担が大きく、ネットワーク遅延による性能低下は避けられない。しかし、専用のプロセッサと専用のネットワークを持つ同規模の並列コンピュータに比べてはるかに安価であり、同程度の予算ならはるかに規模を大きくすることができた。以降、この方式は、安価にスーパーコンピュータを実現する方法として広まっていった。現在も、コモディティのGPU をコモディティのネットワークで接続したスーパーコンピュータは、この系譜を引き継いでいると言える。

　図 **5.1** は筆者らが開発したクラスタ RHiNET-2［Koibuchi05］で、ベオウルフ型の特徴①③④を持っているが、ネットワークは光を用いた強力なものを利用していた。

図 5.1　RHiNET2 の外観

5.2　ウェアハウススケールコンピュータ（WSC）

　Web サービス、データベース処理、トランザクション処理を行うデータセンターは、当初は今まで紹介した分散共有メモリ型の並列コンピュータや、ベオウルフ型のクラスタの集合体で構成されていた。しかしクラウドコンピューティングの発達とともに、Google, Amazon などのデータセンターは巨大化して新しいコンピュータとしての性質を帯びるに至った。データセンターでは、基本的には別々の要求を並列処理するので、処理しているノード間に直接のデータ交換は必要ないが、巨大なデータと大規模なネットワーク、巨大な電源、冷却装置を共有する。さらに検索処理を代表とするビッグデータ処理では単独の要求に対しても多数のノードがデータ検索を並列に行う枠組みが用意されるようになった。

　データセンターが巨大になり、その数を増やすと、コモディティの PC を利用する必要がなくなった。それ自体で十分な数を必要とするため、データセンター専用のプロセッサを開発しても十分引き合うようになったのだ。管理上、さまざまなシステムが同居することは許されないため、同じ構成を全システムが使うようになった。このようなデータセンターの設計方針を以下に挙げる。

- 専用のプロセッサをすべてのシステムで用いる。
- ソフトウェアに頼って信頼性を維持し、故障ノードはどんどん交換する。
- ネットワークは遅延よりもバンド幅重視。
- プログラムは MapReduce などビッグデータ処理用の言語を用いる。

　ヘネシーとパターソンは二人の著書 *Computer Architecture – a quantitative approach* の第 5 版から、この種のコンピュータにより、**ウェアハウススケールコンピュータ**（Warehouse Scale Computer：**WSC**）［Barroso13］という新しいクラスが定義できると主張した。WSC はまださほど広く使われる言葉とはなっていないが、今後ますます発展する分野であり、その重要性は大きい。巨大なデータセンターを支える技術では、今まであまりコンピュータアーキテクチャで取り上げられることのなかった、冷却技術、電源伝送と効率化技術、システム管理技術などが主役となる。

5.3　メッセージパッシングライブラリ

　並列プログラミングは共有メモリを利用する方法と、メッセージパッシングを利用する方法に分類される。メッセージパッシングは、共有メモリを持たない並列コンピュータがやむを得ず用いる方法と見られがちだが、形式的検証がしやすく信頼性の高いプログラムが可能であるという大きな利点を持っている。これは、共有メモリが変数を介してデータをやり取りするため、どこでだれが書いてだれが読むのかを明確にすることが難しいためだ。読み書きの順番も前章に示したように自由度が高いので、これを検証することは不可能に近い。

　これに対してメッセージパッシングは、どこでどのプロセッサ間で、どのようなデータが交換されるのかがプログラマにより明示されており、わかりやすい。また、メッセージの待ち合わせにより同期が行われるため、同期の生じる場所、原因、それに伴うデータ交換が明らかである。このため、メッセージパッシングを利用した言語と、そのプログラムの正当性を証明する方法は長い間研究されており、Hoare による CSP ［Hoare85］、

この系譜を引き継ぐOCCAM［May83］、これに特化したアーキテクチャであるTransputer［Barron83］が提案、開発された。しかし、専用言語は普及せず、結局、ライブラリの形で通常のプログラミング言語に組み込まれて大規模クラスタで利用されている。ここではまず、この通信の方法を簡単に紹介する。

5.3.1 ブロッキング通信とノンブロッキング通信

　送信側のプロセッサ（プロセス）は、受信側を指定して send 関数を実行し、受信側のプロセッサは送信側を指定して receive 関数を実行する。実行時に、相手方が対応する関数を実行していれば、データは転送され、両者は処理を続ける。この様子を**図 5.2** に示す。どちらが先でも、先に実行したほうは、相手が実行するまで待ち続ける。この方式を**ブロッキング通信**あるいは**ランデブ**と呼ぶ。この方法は待ち時間が長く、性能が低くなるが最も安全で確実な方法である。

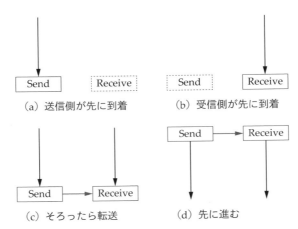

図 5.2　**ブロッキング通信（ランデブ）**

　メッセージのバッファを設けることで、送信側は先に進むことができるだろう。send を実行した送信側は受信側が待っていなければ、受信側のメッセージバッファにメッセージを入れて先に進む。受信側は、receive 実行時に、バッファにメッセージが存在すれば、それを受け取り、先に進む。そうでなければ待ち状態になる。

　この方法は簡単だが、受信側は先に着いた際に待たされるので不公平な

感じがする。このため、receive で待ち状態になった受信プロセッサは別なプロセスに切り替えて、待っている間を有効利用する。この枠組みが**ノンブロッキング通信**であり、ブロッキング通信に比べて性能面では高いがプログラムが複雑になる。本書ではブロッキング通信のみ扱うことにする。

5.3.2 MPI

MPI（Message Passing Interface）はメッセージパッシングライブラリで OpenMP 同様 C, C++, Fortran のプログラムから呼び出して利用する。先行して普及したライブラリ PVM（Parallel Virtual Machine）の上位互換であり、グループ通信やタグを使ったエラー処理など多様な機能を持っている。OpenMP と異なり pragma はなく、すべてを関数呼び出しの形で行う。

プログラムは SPMD（Single Program Multiple Data streams）の形をとる。SPMD は同じプログラムで多数のデータを一括して処理する方法である。SIMD（Single Instruction Multiple Data streams）よりもプログラム上の制約が緩く、基本的に流れが同じプログラムをプロセス id により切り替える。すなわち、id に応じて行う処理を分けることができる。

基本的には OpenMP も SPMD と言えるが、MPI の場合は共有メモリがないため、id によって送信側と受信側を分けることになり、プログラムはやや複雑になる。ここでは MPI の中でも基本的な関数のみを紹介するが、興味を持ってさらに習得したい読者は文献［片桐 13］などを参照されたい。

MPI は以下の 6 つの関数が基本である。

（**1**）`MPI_Init(int *argc, char ***argv);`

MPI の初期化関数で、これを実行しないとほかの関数が使えない。引数は main 関数の引数を以下のように使うのが普通である。

```
int main(int argc, char *argv)
  MPI_Init(&argc, &argv);
```

これにより main 関数から MPI に設定を行うことができるのだが、こ

こでは気にしないことにする。

（**2**）MPI_Comm_rank(MPI_Comm, int *rank);

プロセス（プロセッサ）id を取得する関数。MPI の用語ではプロセス id のことを rank と呼ぶ。第 1 引数の MPI_Comm は Communicator といって MPI で通信する空間を定義する。ここに MPI_COMM_WORLD を用いると、全プロセッサが通信する空間を指し、MPI_Comm_rank(MPI_COMM_WORLD, &id); を実行するとプロセス id を取ってくることができる。

（**3**）MPI_Comm_size(MPI_Comm, int *size);

全プロセス数を返す関数で、MPI_Comm_size(MPI_COMM_WORLD, &nproc); を実行すると、全プロセス数 nproc を取ってくることができる。

（**4**）MPI_Send

1 対 1 のブロックメッセージ通信。引数が以下のように数多くある。

```
MPI_Send(
    void *buf,      // 送信用バッファ
    int count,      // 送信する要素数
    MPI_Datatype,   // MPI のデータタイプ
    int dest,       // 受信側のプロセス id
    int tag,        // 通信時のタグ。ここでは使わない
    MPI_Comm        // MPI Communicator で MPI_COMM_WORLD を指定
);
```

MPI_Send(msg, MSIZE, MPI_CHAR, 0, 0, MPI_COMM_WORLD); は、転送用の文字列配列 msg 中の文字列を MSIZE 分プロセス 0 に送る（タグも 0）という意味になる。ここで、MPI のデータタイプは、基本的に通常のデータ型と同じで、MPI_CHAR, MPI_INT, MPI_FLOAT, MPI_DOUBLE などが定義されている。

（**5**）MPI_Recv

1 対 1 のブロックメッセージ受信で MPI_Send に対応する。

```
MPI_Recv(
  void *buf,      // 受信用バッファ
  int count,      // 受信する要素数
  MPI_Datatype,   // MPI のデータタイプ
  int source,     // 送信側のプロセス id
  int tag,        // 送信メッセージタグ
  MPI_Comm,       // MPI Communicator で MPI_COMM_WORLD を指定
  MPI_Status      // 受信したメッセージの状態
);
```

MPI_Recv(msg, MSIZE, MPI_CHAR, 1, 0, MPI_COMM_WORLD, &status); は、先の MPI_Send に対応する受信を行う。タグとプロセス id が合わないとメッセージは受信されない。

（6）MPI_Finalize()
MPI の終了。

最も簡単な例として、Hello World! を出力する hello.c を次に示す。
MPI ライブラリを用いる場合には <mpi.h> を指定する必要がある。ここではメッセージ転送用のバッファ msg を用意し、メッセージサイズ（MSIZE）は 64 にしておく。MPI は MPSD の考え方に基づくので、MPI_Init をしたときからそれぞれのプログラムは並列に走ると考える。
まず、プロセス番号 pid とプロセス数 nprocs を取ってくる。pid == 0 がホストの役割を果たす。ホストはそれ以外のプロセスからメッセージを受け取り、その都度出力する。一方、その他のプロセスは、Hello world! という文字列をメッセージバッファ msg に入れ（sprintf）、これをホストに対して転送する。

```
#include <stdio.h>
#include <mpi.h>
#define MSIZE 64
int main(int argc, char **argv) {
  char msg[MSIZE];
  int pid, nprocs, i;
  MPI_Status status;
```

```
MPI_Init(&argc, &argv);
MPI_Comm_rank(MPI_COMM_WORLD, &pid);
MPI_Comm_size(MPI_COMM_WORLD, &nprocs);
if (pid == 0) {
  for (i = 1; i < nprocs; i++) {
    MPI_Recv(msg, MSIZE, MPI_CHAR, i, 0, MPI_COMM_WORLD, &status);
    fputs(msg, stdout);
  }
} else {
  sprintf(msg, "Hello, world! (from process #%d)\n", pid);
  MPI_Send(msg, MSIZE, MPI_CHAR, 0, 0, MPI_COMM_WORLD);
}
MPI_Finalize();
return 0;
}
```

MPI のプログラムのコンパイルは以下のように行う。

```
$ mpicc -o hello hello.c
```

実行時に、-np の後にプロセッサ数を指定する。

```
$ mpirun -np 4 ./hello
```

各プロセッサからの Hello world! が表示されるはずである。

【例題 5.1】 pid＝0 のプロセッサがファイルから読み込んだデータの総和を n プロセッサで計算するプログラム reduct.c を MPI を用いて記述しよう。

解説　MPI の考え方は SPMD である。すなわち単独のプログラムをすべてのプロセッサが実行する。まず、利用する変数を定義する。演算を行う配列は mat で、各プロセッサの部分和は psum、最終的な答えは sum に入れよう。次に初期化を行う必要がある。

```
int pid, nproc, i;
FILE *fin;
double mat[N];
double sum, psum;
double start, startcomp, end;
MPI_Status status;
```

```
MPI_Init(&argc, &argv);
MPI_Comm_rank(MPI_COMM_WORLD, &pid);
MPI_Comm_size(MPI_COMM_WORLD, &nproc);
```

　上記のコードで、全プロセッサで MPI を実行するための用意ができる。
ここでは、プロセッサ数は nproc であり、番号は pid で識別される。

　では並列処理の方針を考えよう。ここでは pid＝0 がファイルからデー
タを読み込み、配列の 1/n をほかのプロセッサに分配する。分配されたプ
ロセッサはそれぞれ部分和 psum を計算し、pid＝0 のプロセッサに戻す。
pid＝0 のプロセッサは、自分の分担を計算した後、すべてのプロセッサ
からの psum の総和を取って sum を計算する。プロセッサ数が 4 の場合を
図 5.3 に示す。

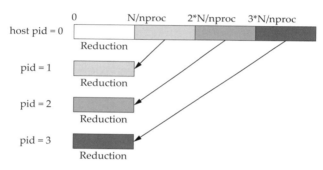

図 5.3　配列の分配

　まず、pid＝0 のコードを示す。

```
sum=0.0;
if (pid == 0) {
  if((fin = fopen("mat4k.dat", "r"))==NULL) {
    fprintf(stderr, "mat.dat is not existing\n");  exit(1);
  }
  for (i = 0; i < N; i++)  fscanf(fin,"%lf", &mat[i]);
  start = MPI_Wtime();
  for (i = 1; i < nproc; i++)  MPI_Send(&mat[i*N/nproc], N/nproc,
MPI_DOUBLE, i, 0, MPI_COMM_WORLD);
  startcomp = MPI_Wtime();
  for(i = 0; i < N/nproc; i++)  sum += mat[i];
  for (i = 1; i < nproc; i++) {
```

```
      MPI_Recv(&psum, 1, MPI_DOUBLE, i, 1, MPI_COMM_WORLD, &status);
      sum += psum;
    }
    end = MPI_Wtime();
    printf("%lf\n", sum);
    printf("Total time = %lf Exect time= %lf [sec]\n", end-start,
end-startcomp);
  }
```

　通常のCプログラム同様、ファイルから配列にデータを読み込む。ここではサイズはNと決めておく。最初に全体の計算開始時刻 start をMPI_Wtime 関数を用いて記録する。そして pid=1 から nproc までのプロセッサにサイズ N/nproc の配列データを MPI_Send で送る。送り先は i、メッセージのタグは 0 である。

　次に個別の計算時刻を startcomp として記録してから自分の担当の部分の計算（0-N/nproc まで）を行う。これは計算時間とデータ転送時間を比較するためである。

　自分の担当の計算が終わったら、ほかのプロセッサの計算結果を MPI_Recv で受信する。この場合、転送サイズは1で受信相手は i、メッセージのタグは1としている。受信したら自分の担当分に加えてやり、すべての受信が終了したら、終了時間を記録して結果をプリントする。

　pid=0 以外のプロセッサの処理はこれに比べて簡単である。以下のelse 文は if(pid == 0) に対応するものである。

```
  else {
    i=0;
    MPI_Recv(&mat[i], N/nproc, MPI_DOUBLE, 0, 0, MPI_COMM_WORLD,
&status);
    for(i = 0; i< N/nproc; i++) sum += mat[i];
    MPI_Send(&sum, 1, MPI_DOUBLE, 0, 1, MPI_COMM_WORLD);
  }
```

　pid=0 のコードのように自分の担当分を、MPI_Recv を用いて、プロセッサ0から受け取る。受け取ったデータは、配列 mat の最初から書き込み、総和を取って MPI_Send でプロセッサ0に転送する。最後に全プロセッサで MPI_Finalize(); を実行してから処理を終了する。

この例題は OpenMP と異なり、実行するシステムが通常の PC であれ
ば、多くの場合は高速化がうまく行かないだろう。これは、プリントされ
たメッセージを含む実行時間と純粋な計算時間が示す通り、メッセージの
やり取りに時間がかかるためだ。やはり MPI は大規模なクラスタ上で大
規模な計算に対して行わないと性能向上は難しい。

5.4　RDMA と仮想共有メモリ

NORA 型のクラスタには、共有メモリが存在しない。しかし、プログ
ラマにとって他人のメモリの内容にアクセスしたくなる場合は存在する。
OS が介在する場合、あるノードが別のノードのデータをコピーするのは
時間が掛かる。これは、一度データを OS のバッファ領域に格納してから
転送するためで、ノードごとにコピーを取る時間が掛かるためである（**図
5.4 の点線**）。この場合、**4 章**の終わりで簡単に紹介した**リモート DMA**
（**RDMA**）［Recio17］を用いれば遅延が削減される。図 5.4 に示すように、
RDMA を用いることで、あるノードのユーザ空間のデータを OS 領域で
コピーをとることなしに直接、ほかのノードに転送することができる。

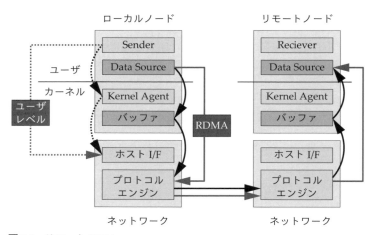

図 5.4　リモート DMA

RDMA はプログラマが明示的に行うが、ソフトウェアにより、共有メモリを持たないノード間で仮想的に共有メモリを実現する手法も開発されている。これが**共有仮想メモリ**（Shared Virtual Memory）あるいは**ソフトウェア分散共有メモリ**である。この手法の元祖は Kai Li らにより提案された IVY［Li86］で、OS の仮想記憶の機構を利用している点に特徴があった。

あるノード A が別のノードのホームページとして割り当てられている領域にアクセスを行う（ここでは書き込みとする）と、それは主記憶領域に存在しないため、ページフォルトが生じる。通常はこのページをディスクなどの 2 次記憶に取りに行くのだが、仮想共有メモリではホームページを持つノード（ホームメモリ）に取りにいく（**図5.5** ①②）。

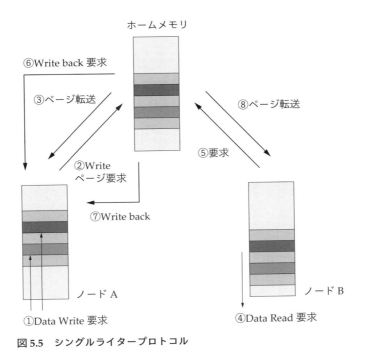

図5.5　シングルライタープロトコル

ホームメモリは割込みによりこの要求を知り、書き込み要求による共有状態であることを記録してからページを転送する（図③）。
ここで、別のノードが読み出し要求を出す（図④）と、これもページ

フォルトによってホームメモリに要求メッセージが送られる（図⑤）。

　ホームメモリはノード A に書き戻し要求を出し（図⑥）、ノード A は
このページをホームメモリに書き戻し、（図⑦）ホームメモリを介して
ノード B に渡される（図⑧）。

　この手法は、**第 4 章**のディレクトリ方式のキャッシュ一貫性維持をペー
ジ単位で OS のソフトウェアによって実現していると考えることができ
る。

　共有仮想メモリは、ハードウェアによるキャッシュの一貫性維持手法よ
りも各操作に時間が掛かるので、なるべくメッセージのやり取りを減らす
必要がある。このため、ページの読み書きを同期変数のリリース時のみに
行う手法が提案された。これは、**第 4 章**で紹介した弱いコンシステンシィ
モデルの拡張と考えられ、Eager Release Consistency model と呼ばれて
いる。

　あまたある図 5.5 の手法は、単一ノードしか書き込みを許さないた
め Single Writer Protocol と呼ばれている。これに対してホームメモ
リからページのコピーを取る際に、元のページのコピー（**ツイン**と呼
ぶ）を残して置くことで、複数のノードに書き込みを許す Multiple
Writers Protocol も提案され、これに対応する Lazy Release Consistency
［Kontothanassis95］, Entry Release Consistency［Bershad93］など、さ
まざまなモデルが提案されている。

第6章

相互結合網

Inter-Connection Network

　大規模な NUMA、NORMA ではノードどうしを接続する結合網が重要である。並列コンピュータのシステム内では、ローカルエリアネットワーク（Local Area Network：LAN）、ワイドエリアネットワーク（Wide Area Network：WAN）などの規格化されたネットワークと異なり、システムに必要とされる転送能力、転送遅延を持った専用のネットワークを用いる。これを**相互結合網（インターコネクションネットワーク）**と呼ぶ［DYN03］［DT07］。相互結合網を理解するには、結合網の形（トポロジ；Topology）に注目するのがわかりやすい。しかし実際に重要なのはこのネットワーク上でパケットを転送する方式である。これを順に解説する。

6.1　直接網

6.1.1　直接網の基本的な性質

　ノードどうしを直接リンクで接続する方式を**直接網**という。図 **6.1** に示す直線、リング、集中結合網、ツリー、完全結合網、2 次元メッシュなどが代表的な直接網である。直接網を特徴づける評価項目には以下のものがある。

- **直径**（Diameter）　2 ノード間の最短経路のうち最も長いもの。たとえば 5×5 の 2 次元メッシュならば、直径は $4 + 4 = 8$ となる。結合網の転送遅延の目安となる。
- **次数**（degree）　あるノードに接続されたリンク数。ノードによって

異なる場合、最大数を指す場合が多い。結合網のコストの目安となる。

- **ASPL**（Average Shortest Path Length：平均距離） 2 ノード間の距離の平均値。結合網の転送遅延の目安として、直径よりもよく使われる。
- **二分バンド幅**（Bisection Bandwidth） 結合網を最も転送帯域の狭い場所で 2 等分した場合の、その断面の転送容量。結合網の転送能力を示す目安として使われる。

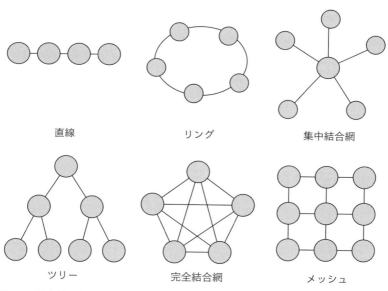

図 6.1　基本的な直接網

【例題 6.1】 $n \times n$ の 2 次元メッシュの直径と次数を求めよ。

解説　2 次元メッシュの次数は東西南北の 4 方向なので 4 である。直径は横方向に $n-1$、縦方向に $n-1$ なので、$2(n-1)$ となる。

これに加えて直接網にとって、ときに重要となる性質に以下のものがある。

- **均質性**（Uniformity） ノードの次数が同じで、接続パターンがどこでも同じかどうか。リング、完全結合網は均質だが、ツリー、メッシュ、集中接続網は均質ではない。2次元メッシュは、均質ではないが、両端を結んでトーラス構造にすれば均質になる。均質な結合網はそこに流れるデータが一様（ユニフォーム）であれば負荷が分散される点が有利である。均質でないもの、たとえばツリーは、根の部分に負荷が集中してしまう。

- **耐故障性**（Fault Tolerance） 1個のノード、1本のリンクの故障が致命的になるかどうか。直線、ツリー、集中結合網は、1個のノードの故障で結合網が分断されるので、耐故障性がない。完全結合網は、耐故障性という観点からは完璧である。そのほかの結合網は、結合性は維持できるものの性能が少なからず落ちる。故障時に酷い性能ダウンがないように、結合網に冗長性を持たせる試みにはさまざまな提案がある。

- **エンベダビリティ**（Embeddability） ある結合網が別の結合網をその中に含んでしまえるかどうか。2次元メッシュは直線網をエンベッド可能である。完全結合網はすべての結合網をエンベッド可能である。エンベッド可能な場合、その結合網を想定したアルゴリズムがそのまま使えるので便利である。

- **拡張性**（Scalability） ネットワークの規模を大きくするのが容易かどうか。一般的に規模を拡張するときに、次数が増えてしまう場合は拡張性がない、と判断される。すなわち、完全結合網、集中結合網は拡張性がない。リングは結合網を切ってノードを入れないとならないが、この程度ならば通常は拡張性有とされる。

6.1.2　ハイパーキューブ

　では、次に有名どころの直接網をいくつか紹介する。**ハイパーキューブ**は、初期の NORMA 型スーパーコンピュータでよく用いられたため、名前が広く知られている。

　まず、**図 6.2** に示すように各ノードに2進数の番号を与える。図は 16 ノードの例なので4ビットの番号が割り当てられている。ここで、最下位のビットだけが違ってほかのビットは同じノードどうしをリンクで結ぶ。

次に下から2ビット目だけが違って、ほかのビットは同じノードどうしを
リンクで結ぶ。これを最上位まで繰り返してできる接続をハイパーキュー
ブと呼ぶ。各ノードは桁数と同じだけのリンクでほかのノードと接続され
ることになる。すなわち、ノード数を$2n$とすると、次数はnである。

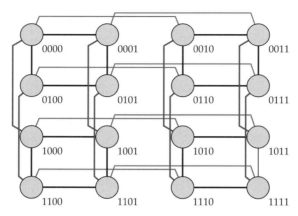

図6.2　ハイパーキューブ

　ハイパーキューブは出発地から目的地までの経路決定（**ルーチング**と呼
ぶ）が容易である。出発地ノードの番号と目的地ノードの番号の各桁を比
較し、違っていればその桁に対応するリンクに対してデータを送れば良
い。

　図6.3にノード5（0101）からノード12（1100）に転送する例を示す。
0101と1100では一番下の桁と一番上の桁が違っている。そこで、まず一
番下の桁に相当するリンクを使って、その桁を反転させることで0100に
行く。次に一番上の桁に相当するリンクを使えば1100に到達する。上の
桁に相当するリンクを先に使って、0101 → 1101 → 1100という経路を使
うこともできる。

　ビットの差分を調べるには排他的論理和（Exclusive-OR）を使えば良
く、簡単である。ハイパーキューブにおいて、最も遠い距離の2ノード
は、その番号の全桁が異なることになる。このため、直径もnとなる。

　ハイパーキューブは、直径に比して次数がそこそこ少なく、2分バンド
幅、均質性、エンベダビリティも優れている。ただし拡張性に問題があ
り、規模に対する次数が大きすぎる欠点がある。

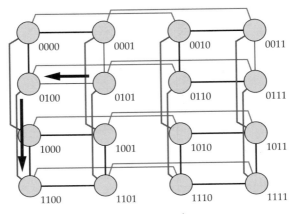

図 6.3　ハイパーキューブのルーチング

6.1.3　*k*-ary *n*-cube

　k-ary *n*-cube は直線、リング、2次元メッシュ、2次元トーラス、ハイパーキューブを含むネットワークのクラスである。このネットワークではノードに *k* 進数の番号を与える。**図 6.4** は3進数を与えた例で、1桁ならば単純な直線になり、両端を繋ぐとリングとなる。*k*-ary *n*-cube にとっては、両端を繋ぐかどうかはオプションであり、繋げばトーラス、繋がなければメッシュになる。

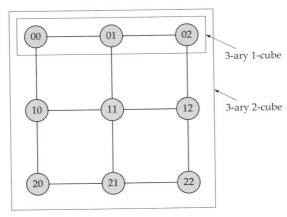

図 6.4　*k*-ary *n*-cube の例。ここでは 3-ary *n*-cube

　次に 3-ary 1-cube を三つ用意して、2桁目を与えて、1桁目は同じで2

桁目が違うノード間を数字の増える順に接続する。こうしてできた2次元メッシュが 3-ary 2-cube である。あとはこれを繰り返して次元方向を拡張していく。3-ary 2-cube の平面を三つ用意して、3桁目を与え、3桁目のみ異なり、ほかの桁が同じノードどうしを数字の増える順に接続する。これで3次元メッシュをつくることができる（**図6.5**）。

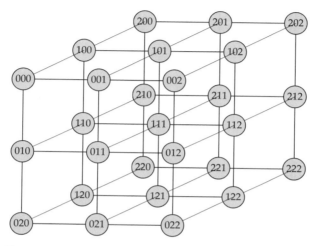

図6.5　3-ary 3-cube

　さて、我々は3次元空間に住んでいるため、ここまでは容易に想像できる。しかし、4次元方向への拡張も同じようにすれば良いので簡単である。**図6.6**に示すように3次元メッシュの箱を3個用意し、それぞれに4桁目を与える。この4桁目だけが異なり、ほかの桁が同じノードどうしを数字の増える順に接続する。これで4次元メッシュのできあがりである。

　図6.6 は全部の線を描くと大変なので、一部だけを示している。この4次元メッシュを3個用意して同様に接続することで5次元メッシュをつくることができる。このように k-ary n-cube において、k は各次元のノード数、n は次元数を示す。直線、リングは k-ary 1-cube、2次元メッシュ、トーラスは k-ary 2-cube、ハイパーキューブは 2-ary(binary) n-cube となる。

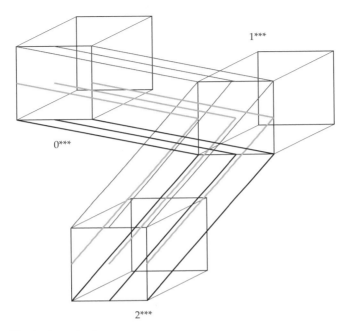

1***

0***

2***

図 6.6　3-ary 4-cube

【例題 6.2】 k-ary n-cube の直径と次数を求めよ。両端は開放、すなわち
メッシュタイプとせよ。

解説　各ノードには各次元にそれぞれ 2 本のリンクが必要である（ハイ
パーキューブはこの 2 本が同じ相手と繋がるので例外的に 1 本で良い）。
したがって、次数は $2n$ である。各次元に対して $k-1$ の距離があるので、
直径は $n(k-1)$ となる。

　k-ary n-cube は、次元数と各次元のノード数の両方を変えることで、さ
まざまなトレードオフを実現することができる。初期の NORMA 型スー
パーコンピュータは、ノードの性能が低かったため、性能の低いリンク
（撚り線対を使っているものもあった）を多数使って直径、平均距離を小
さくする目的でハイパーキューブを使った。ノードの性能が飛躍的に発展
すると、リンクのバンド幅が要求され、コストを下げるために、2 次元、
3 次元のメッシュ・トーラスが使われることが増えた。しかし最近のスー

パーコンピュータは、ノード数が極端に大きくなったため、小さな次元では平均距離が大きくなりすぎ、5次元、6次元のメッシュ・トーラスが使われている。例えばスーパーコンピュータ「京」および「富岳」は6次元トーラス接続を用いている［Ajima09］。

6.1.4 そのほかの直接網

インターコネクションネットワークの研究は、通信用交換網やグラフ理論の応用研究を含めると広範にわたり、長い歴史を持っている。ここで紹介した基本的なものに加えて、ざっと挙げただけで以下のものがある。

① ノード番号のローテーションをもとに接続を決める方法：De Bruijn, Kautz, Pradhan
② 決まった方向にデータを送り、これを巡回させる方法：Circular Omega, Cube Connected Circular Banyan
③ 拡張メッシュ、拡張ハイパーキューブ：Reconfigurable Mesh, Recursive Diagonal Torus, Enhanced Hypercube, Twisted Hypercube, Crossed Hypercube
④ 階層構造を持つ方法：Cube Connected Cycle, Hypernet
⑤ ほかと全く異なる接続を持つ Star Graph
⑥ 最適なネットワーク構成を目指した Slim Fly, Xpander

①～⑤は、旧版の『並列コンピュータ』（Web 資料）に詳しい。

最近、並列コンピュータの規模が大きくなるにつれて、なるべく小さなリンク数で最も小さい直径、あるいは ASPL を持つ結合網を理論的に探す試みが盛んである。ある頂点から n ホップで到達可能な頂点の次数の n 乗に比例する。次数を決めれば、その次数で実現できる最小の直径は理論的に決まってしまうはずで、これを **Moore Bound** と呼ぶ。与えられたノード数と次数でなるべく Moore Bound に近いグラフを見つけるコンテスト Graph Golf［Web:Golf］が毎年行われ、直径の小さなグラフが発見されている。

図 6.7 に示す SlimFly［Besta14］は、18 ノードの場合、3 ノードで一つのグループを構成し、それを合計 6 グループ用意し、それぞれ 3 本のリンクでグループ間を接続する。これで直径 2 を実現している。この構成法

は準最適であるが、接続を実現可能なノード数の制限が厳しい。

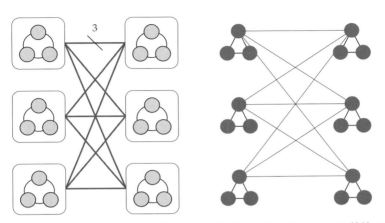

図 6.7　**SlimFly**（18 ノード、次数 5）。右は各グループの一番上ノードの接続のみ示す

　今まで紹介してきた方法は、ノードどうしの接続に規則性があったが、むしろランダム性を導入することで、スモールワールド性により ASPL が小さくなる性質が見つかった［Koibuchi12］。このため、規則的なネットワークにランダム性を導入する図 6.8 に示す DLN のようなランダムネットワークの研究も行われている。これらのネットワークを実際の並列コンピュータに用いるためには、後に紹介するルーチング手法や、トラフィックを複数の経路に分散する方法などが重要になる。

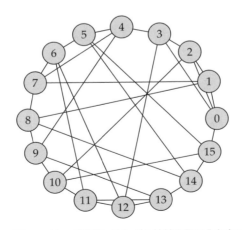

図 6.8　リング構造にランダム接続を取り入れた DLN

6.2　間接網

　直接網はノードどうしを直接リンクで接続したが、スイッチを経由して繋ぐのが間接網である。接続図で見れば、この2種類は明確な違いがあるのだが、直接網リンクもスイッチを経由してノードに接続されているので、実は両者の差は大きいものではない。ノードとスイッチが1対1対応のものが直接網、それ以外のものが間接網であり、間接網は直接網を含む大きなクラスと考えられる。間接網はノードとの関係を気にせずに大きなサイズのスイッチを使って全体のバンド幅を上げることができるため、近年のクラスタ、スーパーコンピュータでは一般的である。

6.2.1　等距離間接網
（1）多段接続網（MIN）の種類
　最も簡単な間接網は**2章**で紹介したクロスバを1個だけ使うものだが、これはさすがにサイズが大きくなるとハードウェア量が膨大になってしまう。そこで、小規模なクロスバの連続接続で大規模な結合網を構成する手法が**等距離間接網**であり、スイッチングエレメントと呼ばれる小規模なクロスバの列（ステージ）で構成されることから**多段接続網**（マルチステージインターコネクションネットワーク：**MIN**）と呼ばれる。

　MIN には、さまざまな種類があるが、目的地が違っても経路が衝突するものをブロッキング網、目的地が違えば衝突しない経路をスケジュールすることができるリアレンジブル網、目的地が違えばほかの経路を移動しなくても常に衝突しないノンブロッキング網に分けられ、代表的なものは以下の通りである。

- ブロッキング網：Omega, Generalized Cube（Butterfly）, Baseline, π, SW-Banyan, Clos 網の一部
- リアレンジブル網：Benes, Clos 網の一部
- ノンブロッキング網；Clos 網の一部、Batcher-Banyan

　これらに加え、冗長ステージにより耐故障性機構を設けたり、階層化したり、U ターン機能を持たせたり、各種改良手法が提案されている。詳細は旧版の「並列コンピュータ」（Web 資料）を参照されたい。

（2）Omega 網

　ここでは代表として Omega 網を示す。図 6.9 は 2 × 2 の小規模なスイッチングエレメントを 3 段（ステージ）接続して 8 入力 8 出力の間接網を形成している。ステージとステージの間はパーフェクトシャッフルという接続の仕方をしており、これは各リンクに 2 進数の番号を付けた際に 1 ビット左にローテーション（左シフトして一番上のビットが一番下のビットに入る）してできた番号に繋ぐ方法である。この方法では、3 桁の場合、000 → 000、001 → 010、010 → 100、011 → 110、100 → 001、101 → 011、110 → 101、111 → 111 に繋げる。各ステージをシャッフル接続することで、目的地番号のみでパケットの経路を見つけていくことが可能になる。この方法を**デスティネーションルーチング**と呼ぶ。

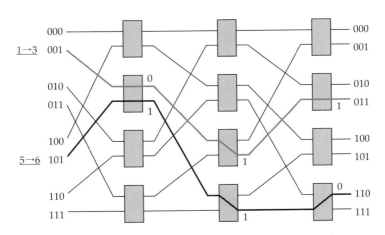

目的地ラベルを MSB からチェックし、0 ならば上、1 ならば下を
選ぶことで目的地に到着する→ディスティネーションルーチング

図 6.9　Omega 網

　1 から 3 へ、5 から 6 へ、の二つの経路の例を示す。これらの例が示すように、目的地の番号を上の桁から順に見ていき、0 ならば上の出口、1 ならば下の出口を選んで進むことで、どこから入っても目的地に到着することができる。これは、パーフェクトシャッフルが 1 桁分ローテーションする働きがあり、2 × 2 のスイッチが最下位の桁を決める（上ならば 0、下ならば 1）働きがあるからだ。通過する経路上でスイッチの出力の番号を見ると、順に上の桁から、目的値の桁と同じになっていく様子がわかる。

【例題 6.3】 図 6.9 の 8 入力 8 出力の Omega ネットワークでデスティネーションルーチングがうまく行くことを説明せよ。

解説 Omega 網の入り口ラベルを $S_2 S_1 S_0$ とし、目的地ラベルを $D_2 D_1 D_0$ とする。最初のステージまでに 1 回シャッフルが行われ、ラベルは $S_1 S_0 S_2$ になる。ここで、D_2 が 0 ならばスイッチングエレメントの上の出力、1 ならば下の出口が選ばれる。上の出力の最下位桁は 0 で、下の出力の最下位桁は 1 になる。すなわち、ここで $S_1 S_0 S_2$ は $S_1 S_0 D_2$ に送られることになる。以下、

① シャッフルして $S_0 D_2 S_1$、出力ラベルによりスイッチングエレメントを切り替えて $S_0 D_2 D_1$

② シャッフルして $D_2 D_1 S_0$、出力ラベルによりスイッチングエレメントを切り替え $D_2 D_1 D_0$

となり、目的地に到着する。

（3） Clos 網

Clos 網（この名称はクロスバとは異なり、人の名前からきている）は、**図 6.10** に示すように 3 段のステージ（Distributer, Exchanger, Concentrator）から構成されており、各段に完全結合を行うリッチな MIN である。r_1 個の Distributer は n_1 入力 m 出力で、それぞれの出力は、m 個の Exchanger すべてに対して 1 つずつ接続されている。m 個の Exchanger は、すべての Distributer から入力を受け取り、r_2 の Distributer のそれぞれに対して出力している。すなわち、Clos 網は Omega 網などと異なり、スイッチの入出力数、個数が 3 ステージすべて異なっていても良いネットワークである。ここで、以下の条件でネットワークの性質が決まる。

$m = n_1 + n_2 - 1$ ：ノンブロッキング

$m = n_2$ ：リアレンジブル

$m < n_2$ ：ブロッキング

直感的には、中央の Exchanger の数が多ければ交換能力が高まりノンブロッキングとなる。

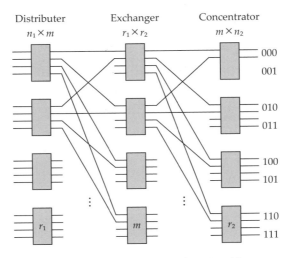

$m = n_1 + n_2 - 1 :$ ノンブロッキング

$m = n_2 :$ リアレンジブル

$m < n_2 :$ ブロッキング

図 6.10　Clos 網

【**例題 6.4**】8 入力 8 出力に対して、ノンブロッキングの Clos 網を構築するにはどのようにすれば良いか・

解説　$n_1 = n_2 = 2$ とすれば、$m = 5$ となる。すなわち、Distributer には 2 入力 5 出力のスイッチを 4 個、Exchanger には 4 入力 4 出力のスイッチを 5 個、Concentrator には 5 入力 2 出力のスイッチを 4 個使えば良い。

　Clos 網は本来 3 ステージの MIN だが、Myrinet-Clos や Google Clos [Singh15] など各ステージ間で完全接続を持つネットワークに広く使われる名称となっている。

6.2.2　不等距離間接網

　Clos 網を含む MIN はクロスバよりもコストが小さいため、全体として大規模スイッチを構成する手法として用いられる。最近のデータセンターやスーパーコンピュータでは、このような大規模スイッチを多数使って、

ノード間の交信の局所性を利用できる接続網を構成する。ここではこれらを**不等距離間接網**と呼ぶ。

（1）base-*m* *n*-cube

図 **6.11** に示すように *k*-ary *n*-cube の次元方向の直線接続をクロスバに置き換えた結合網で、*k*-ary *n*-cube 同様、次元数と次元方向のノード数により要求に応じた構成を取ることのできる利点がある。*k*-ary *n*-cube と違って、次元方向はクロスバの転送 1 回で済むので転送遅延が少ない。1996 年に世界第 1 位を奪取した国産スーパーコンピュータ CP-PACS に用いられ、現在 FPGA の内部ネットワークで同様の方法が用いられている。

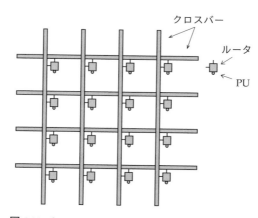

クロスバー

ルータ

PU

図 **6.11**　base-*m*　*n*-cube

（2）Fat Tree

図 **6.12** に示すように複数のツリーを重複した構造を持つネットワーク。直接網のツリーとの違いは、計算ノードはリーフ（最下段）に置かれ、中間はすべてスイッチで構成される点である。上向きリンク数 *p*、下向きリンク数 *q*、階層数 *r* の組でネットワークが定義される。図 6.12 は (p, q, r) = $(2, 4, 2)$ の例である。一般的には接続ノード数 $N = qr$ となり、*p* が Tree の多重度となる。

(2,4,2)

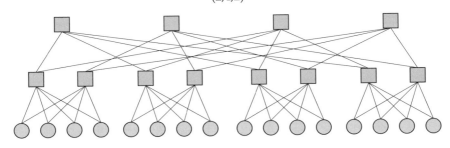

図 6.12 Fat Tree

【**例題 6.5**】 512 ノードを接続する Fat Tree の構成例を示せ。

解説　q を 8 とすれば、3 層の Tree 構造で 512 ノードを構成できる。$p=2$ とすると、1 層では $512/8 \times 2 = 128$ 個、2 層目では $128/8 \times 2 = 32$、3 層目では $32/8 \times 2 = 8$ 個のスイッチを利用する。

　Fat Tree は、先に紹介した MIN を双方向にして折りたたんだと考えることもできる。最近はこの中間スイッチに非常にリッチな構成のスイッチを使って高いバンド幅を実現する方式が、スーパーコンピュータ、クラスタに用いられる。入出力数の大きいスイッチを使うネットワークを**高次元ネットワーク（ハイラディックスネットワーク）**と呼ぶ。

（3）**Dragonfly**［Kim08］

　図 6.13 に示すように、まず一定数のノードを接続してグループをつくる。ここでは 8×8 のスイッチをそれぞれ完全結合する。このグループ形成で 3 本のリンクを使う（ここではノードとの接続は勘定に入れていないが各スイッチに n 個の計算ノードを接続する）。残ったリンクは 5 本なので、これを用いてグループ間を完全結合すると全部で 24 個のスイッチが接続可能であり、$24n$ 個の計算ノードの接続が可能である。グループ内のノードの数を増やすことにより、グループ間を結ぶリンク数を増やすことができ、密な結合を実現できる。ここでは両者ともに完全結合の例を示したが、グループ内はたとえば次に紹介する Flattened Butterfly を用いても良い。これも実現には高次元のスイッチが必要であるが、平均距離が小

さいため、スーパーコンピュータの一部に利用される。

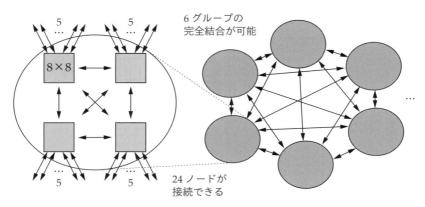

図 6.13　完全結合で構成した Dragonfly

（4）Flattened Butterfly［Kim07］

　図 **6.14** に示すように MIN の 2 × 2 のスイッチングエレメントを行
方向に押しつぶして 5 × 5 のスイッチとした構成。元となる MIN は
Generalized Cube（Butterfly）と呼ばれ、片方のリンクは直進し、も
う片方を $2n$ 離れたラベルに接続していく方法で、直接網のハイパー
キューブ接続に類似している。MIN と比べて転送レイテンシが小さく、
Dragonfly の構成要素としても使われる。

　このほかにも興味深い不等距離間接網があるが、『並列コンピュータ』
（Web 資料）に譲る。

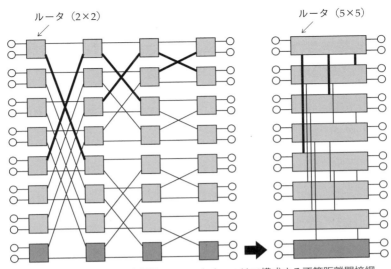

ルータ（2×2）　　　　　　　　　　　　ルータ（5×5）

行単位で MIN をくっつけて構成する不等距離間接網

2-ary 4-fly　2⁴=16 node　　　　　　　2-ary 4-flat　2⁴=16 node

図 6.14　**Flattened Butterfly**

6.3　パケットの転送方式

6.3.1　サーキットスイッチングとパケットスイッチング

　結合網のトポロジは見た目には目立つが、本当に重要なのはその結合網により、どのようにデータを送るかである。ネットワーク上のデータの送り方には、データをパケットという塊にまとめて、これを送るパケットスイッチングと、出発地と目的地の間に回線を張るサーキットスイッチングに大別できる。後者は本当に回線を張ってしまうと、通路がほかの目的で使えなくなって結合網が分断されてしまうため、通信路を時分割多重で使う **TDM**（Time Division Multiplexing）が一般的である。

　TDM は、回線を一定の時間でスロットに区切り、順番にそれを切り替える。自分の使えるスロットの番号が静的に決まっている形式を **STDM**（Static TDM）、スロットを自由に使える形式を **DTDM**（Dynamic TDM）と呼ぶ。TDM は、一定の時間でデータが必ず到着することが保証されるので、時間に制約があるリアルタイム処理などで用いられるが、

並列コンピュータの相互結合網としては、あまり一般的ではない。

　一方、データを一定のサイズのパケットにまとめて送る方法は、ネットワークを有効に活用できるため、ほとんどの並列コンピュータで使われている。**図 6.15** に示すように、パケットは、目的地、サイズ、出発地などの情報が入るヘッダ、データ本体の入るボディ、誤り訂正コードなどが入るテイラ（tailer）から構成される。転送の基本単位を**フリット**（flit）と呼ぶ。

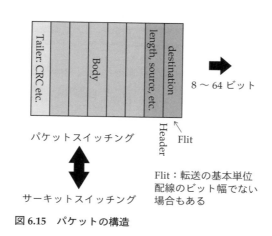

パケットスイッチング

サーキットスイッチング

8 〜 64 ビット

Flit：転送の基本単位
配線のビット幅でない
場合もある

図 6.15　パケットの構造

　フリット幅は、物理的な配線幅と等しいとは限らないが、多くの場合は、1 クロックで転送されるサイズを指し、配線幅に等しくなる。ヘッダには目的ノードの番号が入る場合が多いが、目的地に到着できる経路情報が入ればどのような形でも良く、途中経路を指定する方法（ソースルーチング）もある。パケット長は、固定長パケットならば必要なく、出発地もアプリケーションで使わなければ必要ない。その代わりに仮想チャネル番号などの情報が入る場合もある。

6.3.2　パケット蓄積法

　パケットを送る場合に、それぞれのノードで完全にパケットを受け取ってから次のノードに送る方法を**ストア & フォワード法**と呼ぶ。Ethernet の TCP/IP で用いられ、LAN や WAN では一般的である。

この方法は、ノード間での転送ごとにエラーチェックを行って再送可能である点、転送制御がソフトウェアで行える点で優れている。しかし、パケットサイズを S、直径を D とし、1クロックに1フリット転送する場合、結合網の最大転送遅延が $S \times D$ クロックになってしまい、並列コンピュータの結合網としては遅延が大きすぎる。また、相互結合網はシステム内で使われ、転送エラーの確率が低いので、通常、エラーチェックと再送は出発地と目的地の間で行われる（エンドツーエンドのエラー処理）。

では、遅延を減らすにはどうすれば良いだろう。パケットのヘッダを受け取って、送信先への経路がわかれば、次のクロックで、ボディの最初のフリットを受け取ると同時に、ヘッダを次のノードに送ることができる。このように複数のノードにまたがってパイプライン的にパケットを送れば、転送遅延を大きく減らすことができる。この方法は、芋虫（釣りの餌）が穴を通って進んでいくイメージから、**ワームホール法**と呼ぶ。

ワームホール法は、ヘッダを H、ボディ長を B とすると、転送に要する時間は、$H \times D + B$ クロックで済む。H は通常1か2なので、劇的に遅延が小さくなる。さらに、それぞれのノードでのバッファが最低ヘッダを蓄えるだけのサイズであれば良く、バッファ要求量も少ない。しかし、複数のパケットが競合し、片方のパケットが先に進めなくなると、ボディ長に相当するノードのバッファを占有してしまい、大きく性能が低下する欠点がある。このため、後に紹介する仮想チャネルを利用する必要がある。

ワームホール法と同様に、パケットのヘッダがどんどん先に進んでいくが、パケットが競合すると、進めなくなったところのノードのバッファにボディを吸収する方式を**バーチャルカットスルー**と呼ぶ。ぶつかっても通り抜けたようにボディがノード内に入っていくことから、この名前が付いている。

バーチャルカットスルーは、最低パケット1個分が入るバッファを必要とするため、ワームホール法よりもバッファ要求量は大きいが、競合時に急激に結合網の性能を悪化させることがない。このため、パケット長が極端に長い場合、チップ内部のネットワークのようにバッファに余裕が少ない場合を除いてこの方法が採用される場合が多い。**図 6.16** にワームホール法とバーチャルカットスルー法を比較して示す。バーチャルカットスルー法はワームホール法より先に提案されているが、ここでは説明の都合

上、この順で紹介した。

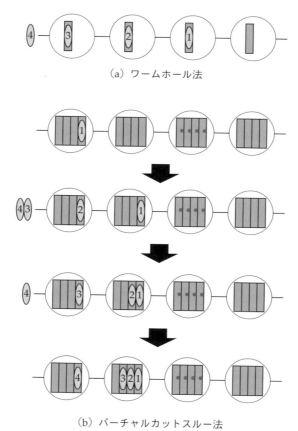

（a）ワームホール法

（b）バーチャルカットスルー法

図6.16　ワームホール法とバーチャルカットスルー法

【例題 6.5】ヘッダが1フリット、ボディが16フリットのパケットを用いる場合、8-ary 3-cube でストア＆フォワード法とワームホール法でそれぞれ最大転送クロックはいくつになるか？　パケットの衝突は考えに入れないとする。

解説　8-ary 3-cube の直径は $7 \times 3 = 21$ である。ストア＆フォワード法は $21 \times 17 = 357$ クロック、ワームホール法は $21 \times 1 + 16 = 37$ クロックとなる。

6.3.3 フロー制御

　相互結合網では、各ノードは、送信相手のバッファが空いていることを確認してからデータを送る。バッファが空いていて転送可能なときはGo信号を送り、満杯で受信できないときはStop信号を送る。ここで気を付けなければならないのは、Stop信号が次のパケット転送に間に合わないと転送パケットが受け取れなくなってしまう点である。このため、バッファにまだ余裕があるうちに送るのが普通である。これが最も簡単なGo/Stop制御である。

　並列コンピュータのインターコネクションネットワークでは、通常はこれで十分である。高速連続転送を行いリンクの遅延が大きい場合は、空いているバッファ数を送って連続パケットを送る個数を指定するウィンドウ方式を用いることもある。

　相互結合網の多くは双方向である。フロー制御用の信号線を装備することができない場合、制御用のパケットをデータ用のパケットに混ぜて送る場合もある。次に紹介する仮想チャネルを多数持たせると、フロー制御用信号線が多数必要なので、この方法が取られる場合が多い。

　ここで紹介したフロー制御はノード間の転送で用いられるもので、場合によってはノードから結合網の入り口で制御する必要がある。結合網内でパケットをブロードキャストする場合、トラフィックが集中した場合など、結合網が混雑して遅延が急激に増加する場合がある。この場合、結合網に対する入り口を制限して、新たなトラフィックが増えるのを防ぐ。しかし、これらの操作はネットワークにハードウェアとして装備されているのではなく、プログラマかシステム管理者が制御するのが普通である。

6.3.4 仮想チャネル

　特にワームホール法では、スイッチ内でのパケットの行き先が競合して片方が待たされると、連続した複数のノードのバッファを占有して止まってしまう。バッファが占有されることにより、ほかの方向に進むパケットの進行が妨害されてしまう場合も生じる。このことを防ぐために提案された方法が**仮想チャネル**（Virtual Channel：VC）である。

　仮想チャネルは**図 6.17** に示すように、バッファとフロー制御信号を独立に持たせたチャネルを複数用意する。片方のチャネルでパケットがブ

ロックされた場合、ブロックされたために使っていないリンクを利用して、もう片方のチャネルで別方向にパケットを送ることができる。これは車の右折レーンにたとえて説明される。十字路があって、前方の道は渋滞しているが、右に曲がると空いていることがある。このような場合、右に曲がりたい車は、十字路まで渋滞に並んで待っていなければならないが、右折レーンがあれば、渋滞を回避して右に曲がってしまうことができる。これが仮想チャネルの役割である。

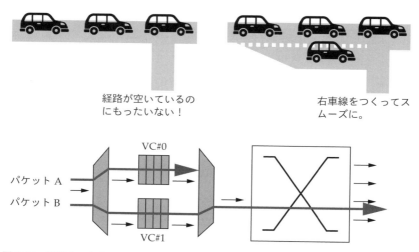

経路が空いているのにもったいない！

右車線をつくってスムーズに。

図 6.17　仮想チャネル

　図 6.17 中には仮想チャネルを装備したルータ（スイッチ）の構造を示す。仮想チャネル分だけバッファが用意され、独立した経路が設定できるようになっている。仮想チャネルは、単純にバッファを増やす方法ではなく、フロー制御信号と組み合わせて仮想的なチャネルをつくり、物理的なリンクを共有する方法である。ワームホール法だけでなく、バーチャルカットスルー法でも有効で、パケットのクラス別に使っても便利なため、多数設ける場合もある。

6.3.5　デッドロックフリールーチング
　先に軽く触れたが、パケットを転送する経路を決めることを**ルーチング**

（routing）と呼ぶ。通常のトポロジでは、出発地から目的地まで複数のパスがあるので、これをどのように選ぶかがポイントとなる。

ルーチングで最も一般的なのは、入力のリンクごとに、目的地のノード番号で参照するルーチングテーブルを持ち、あらかじめ設定された出力リンクの番号を得る方法である。この方法は出発地によらず、到着した入力リンク番号で同じ出力リンク番号が得られるので、出発地ごとの経路分散制御を行うことができない。

厳密には、ルーチングとは、経路の集合を求め（Routing Relation）、その中から経路の一つを選ぶこと（Path Selection）として定義される[DT07]。経路の集合を求めるには、

① 出発ノードと到着ノードの組合せから経路集合を求める方法
② 現在のノードと到着ノードの組合せから出力リンクを求める方法
③ 入力リンクと到着ノードの組合せから出力リンクを求める方法の3種類がある。

2次元メッシュなど規則的なトポロジを持つネットワークではテーブルを持たなくても、目的地の番号だけで出力リンクが決定できる。すなわち、②あるいは③を使うことができる。一方、①を用いて経路を求め、パケットのヘッダに通過する出力リンク番号をすべて入れておく方法もある。これを**ソースルーチング**と呼ぶ。ソースルーチングではヘッダに入っている番号を順に使っていけば良いので、ルーチングは簡単だがヘッダが大きくなってしまう。

パケットの転送経路を決める際、気を付けなければならないのが**デッドロック**（deadlock）である。**図 6.18** に、それぞれ相手のパケットが占有しているノードに向かう三つのパケットがデッドロックを起こした様子を示す。この状態になると、互いに進行方向をふさいでしまうため、いくら待っても進むことができない。デッドロックを防ぐためには、パケットどうしが循環経路をつくらないようにすれば良い。

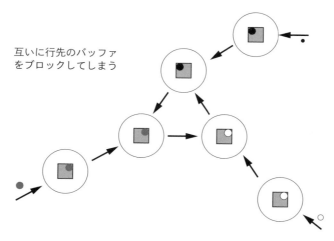

互いに行先のバッファ
をブロックしてしまう

図 6.18　デッドロック

　図 6.19 は最も古典的なデッドロック回避法で**構造化バッファ法**と呼ば
れている。この方法では、パケットを投入したノードのバッファを 0 と
して、現在のバッファ番号 +1 のバッファに対してパケットを送っていく。
常にバッファ番号は増えていくので、循環経路を生じる心配はない。この
方法は、どのようなトポロジでも用いることができ、トポロジ非依存の方
法である。しかし、多量のバッファが必要で、使用効率が悪く、サイズが
大きいシステムでは不利である。

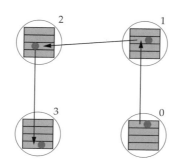

現在のバッファ番号＋1 に転送、
巡回依存性は生じない
ワームホール法の場合は構造化
チャネル法を用いる

図 6.19　構造化バッファ法

よく用いられるトポロジには、各ノードで簡単な判断を行うことで
デッドロックを防ぐルーチング手法が提案されている。*k*-ary *n*-cube では
DOR（Dimension Order Routing）がよく知られている。DOR では、利
用する次元の順番を決めておき、一度次元を変更したら二度と同じ方向を
使わないことで循環経路を防ぐ。この様子を図 **6.20** に示す。

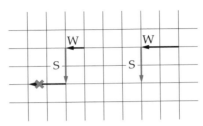

一度使った次元は二度と使えない

図 6.20　DOR（**Dimension Order Routing**）

　この方法はネットワークの両端が開放されているメッシュではうまく
行くが、図 **6.21** のように両端をくっつけるトーラスではうまく働かない。
一方向に進んでも循環してしまうからである。このような場合は、仮想
チャネルを使う。仮想チャネル 0 からスタートし、トポロジの両端を接続
するリンクをパケットを通過した際に、1 に切り替えることで循環を防ぐ
ことができる。Fat Tree では、まず先にリンクの上方向に進み、一度下方
向に切り替えたら二度と上方向を使わない方法（Up/Down ルーチング）
でデッドロックを起こさないようにしている。

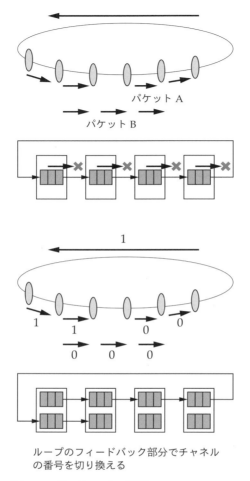

パケット A

パケット B

1

1　　　　1　　　　0　　　　0

0　　　　0　　　　0

ループのフィードバック部分でチャネル
の番号を切り換える

図 6.21　デッドロックの回避

　よく知られたトポロジは、このようなルーチング方法が存在する場合が
多く、これが規則的なトポロジが使われる理由である。

6.3.6　ルータ（スイッチ）の構造
　実際にパケットを送るためには、単純なクロスバだけではなく、アービ
タ、フロー制御、仮想チャネルに対応したバッファを持たなければならな
い。これらを装備したパケット転送用のスイッチのことを**ルータ**と呼ぶ。

典型的なルータの構造を**図 6.22** に示す。このルータは二つの仮想チャネルに相当する入力バッファ（FIFO）を持ち、独立したフロー制御で動作する構造になっている。パケットの蓄積法はバーチャルカットスルーを想定しており、先に進めなくなったパケット全体が、バッファ内に格納される。2 次元メッシュを想定し、計算ノードを含めて 5×5 のクロスバでパケットを送る構造である。

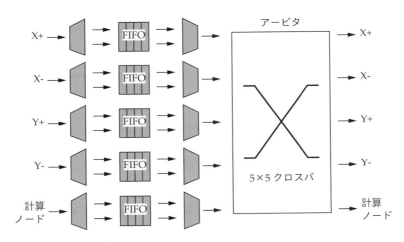

図 6.22　ルータの構成

　パケットは順にルータに入ってくるため、ルータの動作はパイプライン的に行われるのが普通である。たとえば以下の 3 ステージで転送が実行される。

- **RC**（Routing Computation）　ヘッダから出力先が計算される。ここで、先に紹介したテーブル参照、トポロジ依存、ソースルーチングのどれかを使う。利用する仮想チャネルも決定する。
- **VSA**（Virtual Channel / Switch Allocation）　フロー制御線より仮想チャネルが空いていることを確認し、アービタによってスイッチを確保する。行き先の仮想チャネルが空いていない場合や、ほかに要求があってスイッチが使えない場合は、入力バッファ内で待ち状態になる。

- **ST**（Switch Traversal） スイッチを通過してパケットを転送する。

ここでは、ルータには出力バッファを設けていないが、リンクの遅延が大きい場合、出力バッファを設けて **LT**（Link Traversal）のステージを設ける場合もある。

それぞれのパケットはルータに跨って、パイプライン的にパケットを転送する。広く用いられる一般的なルータの設計が［Web:Matsutani］に公開されている。

6.3.7　適応型ルーチング

出発地と目的地が同じ場合に常に同じ経路を用いる方法は、ルーチングが容易で、ルータの構造も簡単で済む。一方で、混雑や故障があっても迂回できない問題がある。**適応型ルーチング**（adaptive routing）は、一方の経路が混雑していれば、これを回避して別の経路を柔軟に選ぶことのできる方法である。

パケットのルーチング時は、それぞれのルータにはネットワーク全体の情報は回ってこないため、混雑を迂回できるといってもローカルな情報で混んでいる場所を迂回するのだが、それでも決定的なルーチングに比べて性能を大きく改善できる。問題は、いい加減に経路を選ぶとデッドロックしてしまうことで、これを防ぎつつ、なるべく自由に経路を選ぶルーチング法が提案されている。

図 6.23 に、最も単純な**次元逆転ルーチング**を例として示す。この方法では DOR に基づいてルーチングをしている。DOR のルールに違反して方向を変えるたびに仮想チャネルの番号を一つずつ減らしていき、0 になったら DOR に従った決定型ルーチングを使う方法である。仮想チャネルの数だけ、自由に方向を変えることができる。

図 6.24 は、**ターンモデル**と呼ばれる方法で、2 次元メッシュを念頭に置いて提案されたが、トポロジを問わず応用が利く方法である。DOR は、利用する次元の順番を決めてしまうが、これはデッドロックを防ぐには制約が強すぎる。もっと緩めても大丈夫で、次元の順番ではなく進路変更（ターン）の順番を考えるべきだ、という方法である。

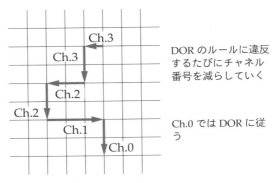

DOR のルールに違反
するたびにチャネル
番号を減らしていく

Ch.0 では DOR に従
う

図 6.23 次元逆転ルーチング

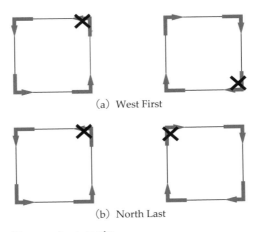

（a）West First

（b）North Last

図 6.24 ターンモデル

　禁止するターンの組合せを選ぶことで、図 6.24 に示す West First 法、
North Last 法などの方法が考えられる。West First 法は、一度どちらかの
方向に進むと West 方向に曲がれなくなるため、最初に West 方向に必要
なだけ進んでいかなければならない。しかし、その後は自由が利くので、
非最短経路も取ることができる柔軟な方法である。North Last 法は、一
度 North に進むと曲がれなくなるので、最後に North に進まなければな
らない。Ebda は、この手法を一般化して k-ary n-cube に拡張した手法で
ある ［Ebrahimi17］。

　図 6.25 は Duato の手法、あるいは＊チャネル法と呼ばれる方法を説明

した図である。この方法の考え方は、そもそも適応型ルーチングは、混雑を回避できる方法なのだから、デッドロックだって避けられるはず、デッドロックが生じたら逃げるパスを用意しておけば良いというものである。

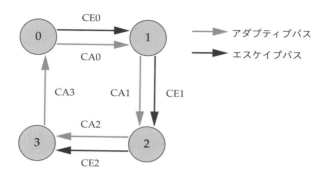

図 6.25　Duato の手法（*-channel）

　この方法は、ネットワークの全ノードを通るデッドロックしないパスを用意する（これをエスケイプパスと呼ぶ）。図 6.24 で、一辺が切れたパスがこれに当たる。この場合、二つのパスは仮想チャネルを使って用意して、すべてのノードで行き来が可能である。パケットは、まず循環構造を持つアダプティブパスを使い、デッドロックに陥ったら、エスケイプパスに変更する。一度エスケイプパスに移ったら二度とアダプティブパスに戻ることはできない。

　ここで、ノード 3 からノード 0 にはエスケイプパスがないので、困るのではないか、と思うかもしれない。しかしノード 3 で待っているパケットは、ほかのノードで循環構造をつくっているパケットがエスケイプパスに逃げて、デッドロックが解決されるので、待っているうちに必ず CA3 が使えるようになる。

　適応型ルーチングは、送った順番にパケットが届くという性質（FIFO 性と呼ぶ）が、保証できなくなる点、デバッグや性能解析の際のパケットの追跡が面倒になる点などの欠点はあるが、それを上回る性能上の利点があるため、広く使われるようになっている。

第 7 章

アクセラレータ

Accelerator

7.1 アクセラレータとは何か？

　CPU 自体の性能向上にあたって、マルチコア、メニーコアアーキテクチャなどといった、いままで紹介した並列コンピュータはどれも汎用目的、すなわちどのようなプログラムも可能な限り高速に動作させることを考えて設計されていた。しかし、半導体自体の性能向上が頭打ちになり、コンピュータアーキテクチャのテクニックが適用され尽くした結果、汎用コンピュータの性能はおいそれとは上がらなくなった。これとともに、「これ以上、汎用コンピュータの性能を上げる必要があるのだろうか？」という根本的な疑問が思い浮かぶ。

　ノート PC における CPU の性能は既に十分向上したため、現在、これらのコンピュータの競争力は、スタイリッシュなデザイン、価格、OS やソフトウェアの使いやすさ、継続性、重量、バッテリーの持続時間、ネットワークへの繋がりやすさなど、CPU の性能とは違った要因で決まるようになった。計算能力が必要な場合にも、クラウドを利用することで、必要な分だけ安価かつ容易に入手することができる。以前と比べて汎用 CPU の性能向上に対する必要性自体がなくなってきているのだ。

　では、コンピュータの計算能力、処理能力がすべての分野で満足されているかというと、もちろんそんなことはない。コンピュータグラフィックス、流体力学に基づく車体や機体の設計、創薬、気象解析、物理学、天文学など主として浮動小数点演算を大量に行う分野や、最近急激に必要性が増しているニューラルネットワークをはじめとした深層学習の学習・認

識、さらにはビッグデータ解析などにも膨大な計算能力が必要である。また、自動車、ロボット、ドローンなど、いわゆるエッジ（組み込み）用途においても、自動運転、自律移動、判断を行うために強力な計算能力が求められている。

　これらの需要は、いずれも一定の限られた計算対象が高速化できれば満足される。このような計算対象は通常、膨大な並列性が内在することから、並列処理を中心として、一定の処理だけを高速化する計算装置により解決できる。このような計算装置を**アクセラレータ**（計算加速装置）と呼ぶ。最近は、特定計算分野に特化して用いられることから**領域特化型アーキテクチャ**（Domain Specific Architecture：**DSA**）と呼ばれる場合もある。

　アクセラレータは、通常、汎用コンピュータと組で使われ、特定用途の処理のみを高速、低消費エネルギーで実行する。コンピュータの応用分野が広がるにつれ、さまざまなタイプの処理を、さまざまなエネルギー、コストで実行する必要性が生じ、さまざまなアーキテクチャが成功する可能性が高まっている。最近のコンピュータアーキテクチャ研究は、汎用コンピュータからアクセラレータに移行しており、この傾向はますます強まるだろう。

7.2　GPU

7.2.1　GPU とは

　デスクトップ PC、ノート PC は、人が直接画面を見ながら操作するため、画像を表示、制御する強力なグラフィックス機能が必要であった。この要求は、汎用 CPU の計算能力を上回っていたため、グラフィックス専用のプロセッサ（Graphics Processing Unit：GPU）を CPU と密結合し、画面の制御はこのグラフィックス用のプロセッサに任せる構成が定着した。2000 年代はじめの GPU は、頂点座標の計算を行う Vertex プロセッサとピクセル単位の計算を行う Pixel プロセッサに分かれた構成を持ち、完全にグラフィックス機能に特化していた。これらは、描画専用のユニットであり、一般ユーザがプログラムして使うことはまず考えられなかった。

ところが、2000 年代中ごろ、グラフィックスプロセッサを、多数の計算用コアを一つのチップに搭載して SIMD 演算プロセッサとしてより汎用的な形で実装することで、一般の科学技術計算を実行可能にする方式が生まれた。GPU を用いて一般的な科学技術計算を行うことを、**GPGPU**（General-Purpose computing on Graphics Processing Units）と呼ぶ（アーキテクチャを指す言葉ではないことに注意）。

　NVIDIA が、GPU 用記述言語である CUDA を公開したことで、一般のプログラマでも GPU のプログラミングが可能になった。GPU は多くの PC、ゲーム機器にグラフィックス用途で搭載する必要があることから、もともと多くの需要があったが、これに加えてアクセラレータとして一般ユーザが利用可能になったことで、爆発的に発展を遂げた。2008 年には 100 を下回っていたコア数は、2017 年には 5000 を超え、PC グラフィックス用、汎用アクセラレータ用、人工知能（AI）用、エッジ用など目的別に分化していった。安価な GPU でも 1000 近くの計算コアを持ち、数 GFLOPS の計算能力を持っており、ハイエンドの GPU は 2020 年には 10000 を超えるコアを持ち、TFLOPS に届く計算能力を実現する。

　GPGPU は科学技術計算に革命をもたらした。従来、スーパーコンピュータを用いなければ不可能だった性能が、個人や研究室のレベルで簡単に利用できるようになり、スーパーコンピュータですら、その構成要素に GPU を用いるものが増えた。後に紹介するように 2020 年 6 月の時点で、世界の TOP10 スーパーコンピュータのうち 6 つが GPU を用いている［Web:Top500］。

7.2.2　GPU の構成

　GPU 業界をリードする NVIDIA は同社の GPU の構成の詳細を公開せず、プログラマには、CUDA のレベルのみを見せることで、一種の仮想化されたモデルを提供する方式を取っている。このモデルは、独特の用語を使っているため、一般的な並列処理の用語との間で混乱を招いており、ここでは、そのうちのよく用いられるもののみを示す。Hennessy と Patterson はそのテキスト［HP17］で対応表をつくってこの違いを示しているので、詳細はこちらを参照されたい。

　CUDA では、プログラムの実行は、ホストが実行するコードと、GPU

（デバイスと呼んでいる）が実行するコード（カーネル）に分かれており、ホストはデバイスに計算すべきデータを転送する。デバイスはこれを並列処理して、結果をホストに戻し、再びホストで計算後にデータを転送して、カーネルを実行、という繰り返しになる。

いままでに紹介した OpenMP、MPI を用いた並列プログラムと比較した様子を**図 7.1** に示す。OpenMP は、指示子によってブロック単位で並列処理するタスクを fork-join し、タスク間のデータ交換は共有メモリによって行うため、並列性をほとんど意識する必要がない。MPI は処理開始時点で並列処理する単位は分かれており、データ交換はメッセージパッシングライブラリにより明示的に記述される。

これに対して CUDA では、ホストとデバイス間のデータ交換はカーネル開始前後に明示的に行われ、デバイス内のデータ交換は、複数のレベルの共有メモリにより行われる。CUDA は NVIDIA の GPU 専用の言語であり、AMD など他社の GPU や後に紹介する FPGA も含む一般的なアクセラレータの記述用言語としては OpenCL が標準化されている。OpenCL も CUDA と同様に、ホストとアクセラレータの処理が交互に実行されるモデルに基づいている。

CUDA における GPU の並列処理の単位は **CUDA スレッド**と呼ばれ、これに並列処理するデータの要素、たとえば配列の一要素を割り当てる。同一処理を行う CUDA スレッドの集合を**スレッドブロック**と呼び、CUDA スレッドを実行するハードウェアの実体を **CUDA コア**と呼ぶ。32 個の CUDA コアは同一の処理を行うグループを形成しており、これを**ウォープ**（Warp）と呼ぶ。

スレッドブロック内の CUDA スレッド数は、通常ウォープのサイズの数倍に設定し、細粒度マルチスレッド処理と同様の方法により、時分割多重で実行し、これによりメモリの遅延が隠蔽される。この処理は図 7.1(c) に示すように波面が進んでいく様子でイメージされ、これが CUDA コアのグループが Warp（波面）と呼ばれる理由である。宇宙戦艦ヤマトの影響で、日本ではワープ（Warp）はワープ航法（これはサイン波の頂点から頂点に跳ぶことから来ている）のイメージが強い。とんでもない誤解を招く可能性を避けるため、ここではウォープと表記している。各ブロックが割り当てられ、ウォープが実行される実体を**スレッドプロセッサ**と呼

ぶ。複数のスレッドプロセッサにより、グリッドが実行され、これが全体として一つのカーネルを実行する。GPU の全体構成を**図 7.2** に示す。

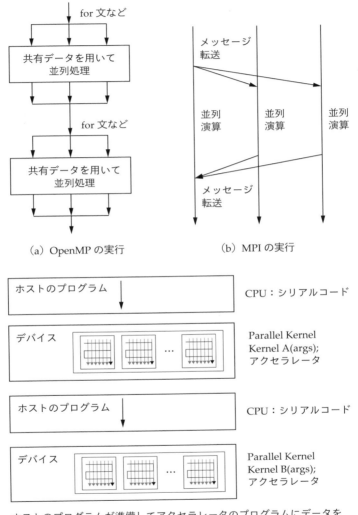

（a）OpenMP の実行　　　　　　　（b）MPI の実行

ホストのプログラムが準備してアクセラレータのプログラムにデータを渡し、処理が終わったら回収。CUDA、OpenCL はこの考え方をとる

（c）アクセラレータの並列プログラムモデル

図 7.1　並列プログラム実行モデル

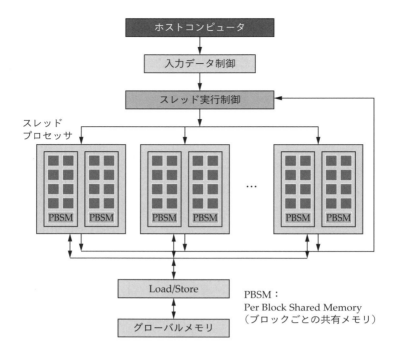

図7.2　GPU の全体構成

　GPU のアーキテクチャは、CUDA スレッド（CUDA コア）に対する
レジスタおよびキャッシュ、スレッドグループ内で共有される共有メモリ
（PBSM）、グリッド内のすべてのスレッドで共有されるグローバルメモリ
の三階層になっている。ここで、キャッシュは、汎用 CPU のキャッシュ
と異なりコンスタントデータなど限定されたデータのみキャッシュする。
プログラマから透過である点は同じである。スレッドからのアクセス時間
はレジスタ、キャッシュ＜共有メモリ＜グローバルメモリの順である。

7.2.3　CUDA によるプログラム

　ここでいったんまとめよう。GPU は、プログラマからの見方/実体のイ
メージで表すと

①　CUDA スレッド/CUDA コア
②　スレッドブロック/ウォープ

③　グリッド *1/デバイス

という 3 階層の構造をしており、これにそれぞれのレベルで共有されるメモリを持っている。これをプログラマが扱うために、CUDA は 3 次元のデータ構造 dim3 をサポートしている（dim2 とか dim1 は存在しない）。

　GPU の詳細な構造はプログラマには公開されていないため、CUDA の記述を通じて、その構成を理解していこう。

　以下では CUDA のプログラムにおける基本的な記法を示す.

　まず、次の構文で、プログラムの先頭でブロックサイズと次元を定義する。

```
dim3 dim_grid( ブロック数、次元数 );
```

　ここでは、長さ LENGTH の配列 A と B を加算する単純なプログラムを例にとって紹介する。LENGTH/BLOCK_SIZE がウォープのサイズである 32 の倍数になるように、BLOCK_SIZE を設定する。LENGTH/BLOCK_SIZE がストリームプロセッサ数を越えると性能はその分だけ悪化するので、大きな LENGTH に対しては BLOCK_SIZE を大きくしてやる。ここでは単純な 1 次元配列を考えるので、スレッド数の次元も 1 にする。ここには 2 次元や 3 次元も設定でき、対象配列の次元数によっては多次元のほうが有利な場合もある。

```
dim3 dim_grid(LENGTH/BLOCK_SIZE, 1); // For kernel call
```

と宣言すると、dim_grid という構造体が定義され、その x 次元は dim_grid.x で表される。同様に、ブロックの各次元を定義する。ここでも単純な 1 次元構造として定義する。

```
dim3 dim_block(BLOCK_SIZE, 1, 1); //
```

---

*1　グリッドは、デバイスが実行するプログラムの総体を指す用語である。

スレッド数 = dim_block.x * dim_block.y * dim_block.z で表すこと
ができるが、今回は dim_block.y, dim_block.z は 1 になる。この構造体
は、デバイスのプログラムを呼び出す際に以下のように用いる。

```
SampleKernel<<<dim_grid, dim_block>>>( 引数 );
```

では ホストコンピュータ側のプログラムを示す。

```
#include <stdio.h>
#include <stdlib.h>
#include "header.h" // Library files
int main(int argc, char **argv) {
  float *h_A, *h_B, *h_C; // variables in the host
  float *d_A, *d_B, *d_C; // variables in the device
  float result = 0.0;     // results
  dim3 dim_grid(LENGTH/BLOCK_SIZE, 1); // For kernel call
  dim3 dim_block(BLOCK_SIZE, 1, 1); //

  //  ホストメモリの割り当て
  h_A = (float *)malloc(sizeof(float) * LENGTH);
  h_B = (float *)malloc(sizeof(float) * LENGTH);
  h_C = (float *)malloc(sizeof(float) * LENGTH);
  for (int i = 0; i < LENGTH; ++i) {
    h_A[i] = 1.0; h_B[i] = 5.0; h_C[i] = 0.0;
  }

  //デバイスのメモリ割り当て
  CudaMalloc((void **)&d_A, sizeof(float) * LENGTH);
  CudaMalloc((void **)&d_B, sizeof(float) * LENGTH);
  CudaMalloc((void **)&d_C, sizeof(float) * LENGTH);

  // デバイスへのデータコピー
  CudaMemcpy(d_A, h_A, sizeof(float) * LENGTH,
CudaMemcpyHostToDevice);
  CudaMemcpy(d_B, h_B, sizeof(float) * LENGTH,
CudaMemcpyHostToDevice);
  SampleKernel<<<dim_grid, dim_block>>>(d_A, d_B, d_C);
```

```
  // 結果のホストへのコピー
  CudaMemcpy(h_C, d_C, sizeof(float) * LENGTH,
CudaMemcpyDeviceToHost);

  // デバイスメモリの解放
  CudaFree(d_A); CudaFree(d_B); CudaFree(d_C);

  // 結果のプリント
  for (int i = 0; i < LENGTH; ++i) result += h_C[i];
  result /= (float)LENGTH;
  printf("result = %f\n", result);

  // 終了
  free(h_A); free(h_B); free(h_C);
  return 0;
}
```

　ここで、CudaMalloc、CudaMemcpy、CudaFree がそれぞれメモリ確保、メモリコピー、メモリ解放のための関数である。普通の C の関数と同様なので詳細な説明は省略するが、メモリコピーはコピーの方向を示す必要がある。

　さて、これに対応するデバイスのプログラム、すなわち GPU で動くほうのプログラムは拍子抜けするほど簡単である。プログラマは SampleKernel が呼び出された際に、指定した数の CUDA スレッドが発生したと考え、それぞれの CUDA スレッドを行う処理を記述する。まずやるべきことは CUDA スレッドの id（identifier：識別子、thread_id）を計算することである。

```
__global__ void SampleKernel(float *d_A, float *d_B, float *d_C) {
  // スレッド id の計算
  int thread_id = blockDim.x * blockIdx.x + threadIdx.x;
  // Compute sum of array
  d_C[thread_id] = d_A[thread_id] + d_B[thread_id];
}
```

　blockDim.x はブロックサイズ、blockIdx.x、threadIdx.x は、それ

ぞれのブロック id の x 次元、スレッド id の x 次元を示す。それぞれの CUDA コアは対応する配列の要素に対して加算を行い、結果を d_C に格納する。この計算はホストで行うと for 文のループになるが、各要素は CUDA コアにより並列演算されるため、ループなしの一文で表現される。

　CUDA の記述は OpenMP や MPI に比べて面倒だが、多くのアプリケーションで、プログラマの労力と十分引き合うだけの性能向上が得られる。

7.2.4　GPU のメモリ

　汎用目的の CPU はキャッシュを用いた階層メモリ構造を持ち、ソフトウェアはこの階層を意識する必要がなかった。これに対し、GPU をはじめとするアクセラレータは、高いバンド幅を持つメモリを持ち、データ転送を含めてプログラマが制御する。CUDA では、カーネル内の定義でメモリを宣言する際に、__shared__ という接頭詞を付けることで、共有メモリへの割り当てが可能になる。とはいえ、GPU に搭載した数多くの CUDA コアを動作させるためには、膨大なメモリバンド幅が必要になる。このため GPU は、伝統的にバンド幅を強化した DRAM を搭載しており、最近は **HBM**（High Bandwidth Memory）と呼ぶ 3 次元構造を採用している。

　HBM は、DRAM チップを 3 次元に積層し、**TSV**（Through Silicon Via）と呼ばれる貫通電極で最下層まで配線を引っ張りだす。次にこれをシリコンインターポーザと呼ぶシリコン基板上で GPU チップと接続する。この構成は複数のチップを一つのパッケージに格納する MCM（Multi-Chip Module）の一種で、通常の基板上で接続するのに比べて多数の配線による近接接続を実現し、高周波数、高バンド幅の転送が可能である。

7.3　このほかの方式の科学計算向けアクセラレータ

　GPU は、科学技術計算向けのアクセラレータとして、ほぼ独占状態にあるが、このほかにも注目すべきアクセラレータが存在する。

7.3.1 NUMA 型アクセラレータ：Intel Xeon Phi

図 7.3 に示す構造を持つマルチコア型のアクセラレータで、各ノードがディレクトリキャッシュを持っており（図中の D がディレクトリ）、CC-NUMA 型に分類できる。通常は Intel の CPU をホストとして使うため、ホストとアクセラレータが同じ命令セットを持つことになり、スムーズなプログラム環境が期待できる。

中国のスーパーコンピュータ Tianhe（天河）2 に用いられ、長期間、TOP1 に君臨し、後に米国の中国への輸出規制のため、中国製のアクセラレータ Matrix-2000 に置き替えられた。しかし、GPU と比べて高価であり、ホストとアクセラレータが同じ命令セットを持つという特長がうまく発揮できておらず、さほど普及していない。

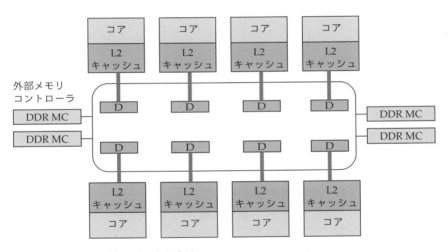

図 7.3　Xeon Phi マイクロアーキテクチャ

7.3.2　ベクトル型アクセラレータ：NEC SX-Aurora TSUBASA アーキテクチャ

NEC は、1970 年代のスーパーコンピュータで主に用いられた**ベクトル型**と呼ばれるスーパーコンピュータを開発した長い歴史を持つ。ベクトル型は、配列データをベクトルと呼ぶ一つの単位として扱い、メモリから専用のベクトルレジスタに取ってきて、演算し、格納するまでを一連のパイプライン処理で行う。

スーパーコンピュータの元祖と呼ばれる**Cray-1**は比較的短いベクトルを対象として、複数の演算器を連結して使うチェイニング、メモリ上の不連続データをベクトルとして構成するギャザー・スキャタなどの技術、強力なスカラプロセッサを設けることで、当時としては画期的な性能を達成した。ベクトル型はその後もスーパーコンピュータとして用いられ、NEC が開発した**地球シミュレータ**は 1993 年に世界一を奪取した後、長期間に渡って、平均的に高い性能を発揮するコンピュータとして利用された。

SX-Aurora TSUBASA は、**図 7.4** に示すように、複数のベクトルプロセッサから構成されるベクトルエンジンを汎用 CPU と接続して、アクセラレータとして用いる。ベクトルプロセッサは、メモリのバンド幅をSIMD ほど必要としない特徴を持ち、広い範囲の問題で一定の性能向上を実現するため、最近のプロセッサの拡張機構として復活しつつある。

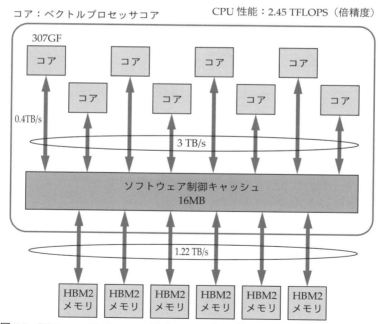

コア：ベクトルプロセッサコア　　　　　CPU 性能：2.45 TFLOPS（倍精度）

307GF

コア　　コア　　コア　　コア

コア　　コア　　コア　　コア

0.4TB/s

3 TB/s

ソフトウェア制御キャッシュ
16MB

1.22 TB/s

HBM2メモリ　HBM2メモリ　HBM2メモリ　HBM2メモリ　HBM2メモリ　HBM2メモリ

図 7.4　SX-Aurora Tsubasa のベクトルエンジンの構成

日本のフラグシップスーパーコンピュータ**富岳**は、組み込み分野を中心
に広く用いられている ARM アーキテクチャの命令セットに対応したベク
トル拡張を行ったプロセッサをノードとして用いている。最近、急速に利
用が進んでいるオープンな命令セットアーキテクチャ **RISC-V** でもベク
トル拡張命令 RV32V を定義している。

7.3.3 PEZY-SC1/2

　PEZY-SC1/2 は、日本のベンチャー企業 PEZY が開発したスーパーコ
ンピュータ用のアクセラレータで、**図 7.5** は、この最初のモデルである
SC1 の構成図である。図に示すように階層構造を持っており、オリジナ
ルの命令セットを持つ Processing Element（PE）2×2 で Village を形成
し、L1 キャッシュを共有する。この部分は UMA 型である。この Village
2×2 をまとめて City を形成し、L2 キャッシュを共有する。4×4 の City
が Prefecture を形成し、L3 キャッシュを共有する。それぞれの階層のメ
モリはほかの階層に比べて高速にアクセスが可能で、ほかのメモリのアク
セスには時間が掛かるので、全体としては NUMA 型と考えられる。

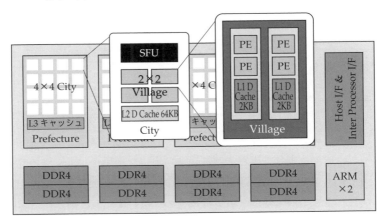

3-hierarchical MIMD manycore:
4 PE×4 (Village)×16 (City)×4 (Prefecture) = 1024 PE

図 7.5　PEZY-SC の構成

　PEZY の関連企業の Exascalar は独自の液浸技術を持っており、基板
全体を水槽に漬けることで、冷却システム全体を簡単化かつ低電力化す

ることができる。PEZY-SC1 の後継機の SC2 をネットワークで接続した
スーパーコンピュータは低エネルギーに特徴があり、消費エネルギーの
小ささを競うスーパーコンピュータのランキング Green500 でトップを長
期間維持し、最大規模の Gyoukou は TOP500 で 4 位を達成した。しか
し、PEZY は、国から獲得した多額の研究資金の不正受給、不正利用が明
らかになり、Gyoukou は活用されることなくプロジェクトを終了した。
PEZY-SC2 を用いたコンピュータはいくつかの研究機関で用いられ、その
評価の論文も発表されている。

7.3.4　Preferred Networks MN-3

　日本の Preferred Networks は、GPU を用いたスーパーコンピュータを
開発してきた伝統を持つが、2020 年にオリジナルのアーキテクチャ MN-
Core を用いた MN-3 を開発した。MN-Core は深層学習（後述）で必要とな
る半精度の行列演算の専用回路を搭載し、条件分岐のない単純な SIMD アー
キテクチャを採用することにより、高いエネルギー効率を実現している。
2020 年 6 月の Green500 で、世界一のエネルギー効率が認定されている。

7.4　クラウド（エンタープライズ用）AI アーキテクチャ

　近年、注目を集めている人工知能（**AI**）処理の中でも多くを占めてい
る深層学習（Deep Learning）において、学習フェーズは主としてクラウ
ドやサーバ上で GPU を用いて行われる。認識フェーズはクラウド上で行
うだけでなく、車載、ロボット、ドローン、ビデオカメラ、その他の IoT
デバイスに組み込まれて実行される。このような利用をエッジ側の処理と
呼ぶ。まず、クラウド用に開発された領域特化型アーキテクチャを紹介す
る。なお、ここで示す性能と電力は本書の「はじめに」に述べたざっくり
とした数値的な目安にすぎない点に注意されたい。

7.4.1　TPU

　TPU（**Tensor Processing Unit**）［Jouppi17］は、Google が同社のデー
タセンター向けに開発した専用目的プロセッサである。深層学習に用いる
DNN（**Deep Neural Network**）の、主として推論フェーズの高速化を

目的としている。

　まず、典型的な DNN である **CNN（Convolutional Neural Network）** の処理を簡単に紹介する。CNN の処理は重みを学習させる学習フェーズと、同じ重みを用いてさまざまな画像を識別する推論（認識）フェーズに分けられる。学習フェーズでは正解がわかっている多くの画像データを用いて重みを調整する。この処理は**バックプロパゲーション（誤差逆伝播法）**を用いて、非常に時間が掛かり計算能力も必要である。学習フェーズは CNN の開発段階に相当し、GPU を使って行われる場合が多い。これに対して実際にその CNN が使われるフェーズが推論フェーズであり、ユーザは学習済の CNN を分類器として用いて多くの画像を処理する。

　CNN の推論フェーズは、数種類の機能を持つ複数の層から構成され、そこに識別対象の画像が入力される。**図 7.6** は手書き文字画像の認識に用いられる簡単な CNN である LeNet［Web:LeNet］の例を示す。この例は 8 層だが、2015 年の画像認識コンペティションの勝者 ResNet などは最大 1000 層を超えるネットワークも構築可能である。

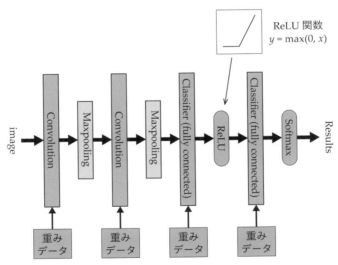

図 7.6　簡単な CNN（Convolutional Neural Network）LeNet の構成の一例

　Convolution（畳み込み積分）層は、入力画像に対して一定の大きさの Window（ステンシル）をずらしながら、重みに対して積和演算を施して出力特徴マップを生成する。**図 7.7** は、7×7×3 の入力画像それぞれに

3×3 のステンシルを用いて 3×3 の出力特徴マップを生成する例である。このように Window をずらしながら周辺どうしで演算していく処理を**ステンシル演算**と呼ぶ。複数の種類の重み集合との間で、ステンシル演算を行うことで、多数の特徴マップ出力が得られる。

　Maxpooling 層は、この画像を一定間隔で最大値を取ることで間引きするフィルタであり、Classifier（全結合層）は、すべての特徴マップの間で積和演算を行う。最後に活性化関数を適用する。CNN の活性化関数には、古典的なニューラルネットワークで用いられたシグモイド関数に代わって、ReLU という図 7.6 中に示す大変単純な関数が用いられることが多い。

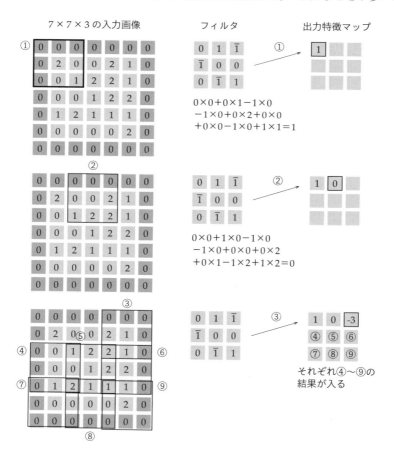

図 7.7　畳み込み積分（Convolution）

TPU が GPU などのほかのアクセラレータと異なる点は、ホストマシンの I/O バスである PCI Express 経由で

- 命令と認識対象画像を送り込んでやる方式である点
- コアとなる行列演算ユニットにシストリックアレイを用いている点

である。**図7.8** に TPU の行列演算ユニットの構成を示す。行列演算ユニットは、8 ビットどうしの積和演算を行うことのできる ALU が 256×256 の配列で構成されており、16 ビットの積は、行列ユニットの下にある 32 ビットアキュムレータで蓄えられ、ReLU 演算子などの活性化演算を行った後に次の層の演算用にループバックされる。

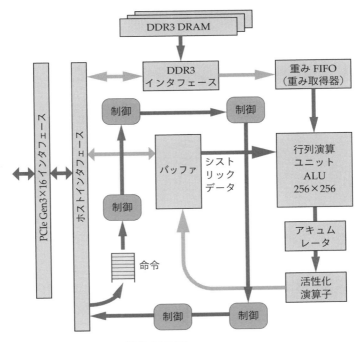

図7.8　Google TPU の構成〔HP17〕

　行列演算ユニット内で用いられている**シストリックアレイ**は、心臓の鼓動に同期して血液が流れるように、データをアレイに流し込んで、それがぶつかったところで演算を行う**ハードウェアアルゴリズム**〔Kung82〕である。

この手法は H. T. Kung らによって 1980 年代に提案され、ローカルなデータ交換のみで大規模並列処理が可能なエレガントなアルゴリズムであり、これまでも FPGA 上で利用されてきた。図 7.9 に、この一部の処理を示す。

TPU では重みデータは動く必要はなく、アレイに画像データ X_n が 1 クロック差を付けて入力されることで、重みと積和演算が実行されていく。各セルは、上から入力される X_n に自分の持っている重みを掛けて左から入力されるデータを足してから右に送る。

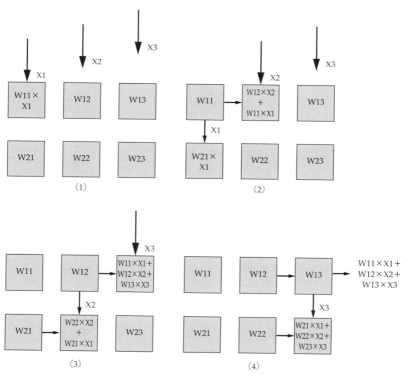

図 7.9　シストリックアレイの動作

TPU は 2019 年の時点で第三世代までが、Google のクラウドに用いられている。2017 年に登場した第二世代は、GPU でも用いられていた HBM が高性能のメモリとして取り入れられ、4 チップが 1 ボードに実装されており、チップ当たり 45 TFLOPS、ボード当たり 180 TFLOPS

の性能を実現する。2017 年に登場した第三世代は、ボード当たり 420 TFLOPS を実現し、このボードを並列接続した pod と呼ばれる構成では 100 PFLOPS というスーパーコンピュータ並の性能を実現し、推論だけではなく学習フェーズにも対応する。

7.4.2 Intel Lake Crest/Spring Crest, Spring Hill

Intel の発表した AI 用の領域特化型プロセッサ Lake Crest/Spring Crest［Yang19］は学習に、Spring Hill は推論に特化した構成を持ち、それらのアーキテクチャは根本的に異なっている。Spring Crest は、2017 年に発表された Lake Crest の後継機種で、**図 7.10** に示すように、TPC（Tensor Processing Cluster）と呼ばれる強力なプロセッサを 24 個 2 次元アレイ状に装備し、Network-on-Chip により相互および HBM 4 個と接続している。全体の構成は MIMD/NORMA 型である。

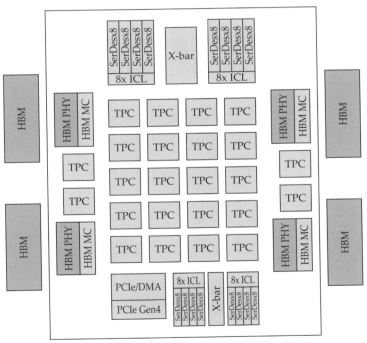

図 7.10　Spring Crest の構成

TPC は、32×32 の乗算アレイを 2 セットと Convolution Engine、ロー

カルメモリから構成される。Spring Crest の特徴は、bfloat16 と呼ぶ深層学習用特殊浮動小数フォーマットを用いている点で、IEEE 標準の 16 ビット浮動小数点数よりも、指数部が大きく、仮数部が小さくなっていて、ダイナミックレンジを広くとることができる。複数チップを高速シリアルリンクで接続することで、スケールアップを行うことができる。この構成により、ピーク性能 119 TOPS を実現する。

一方、Spring Hill［Wechsler19］は推論用で図 **7.11** に示すように、PC に用いられる CPU コアの Sunny Core に対して推論専用の ICE（Inference Compute Engine）六つで構成されたクラスタを二つ持つ。これらは Ring Bus で接続されており、一貫性が保証されたキャッシュによりメモリを共有する。メモリの遅延は階層ごとに異なっているので、全体の構成は CC-NUMA である。

ICE は Deep Learning (DL) compute unit、DSP（Digital Signal Processor）、4 MB の SRAM から構成されている。この DL compute unit は 32×32 の積和演算器アレイを 4 セット持ち、重みデータとの間の行列演算を行う。DSP は、Tensilica 社の構造をカスタマイズできる IP コアを利用しており、VLIW 命令でベクトルユニットを制御する。

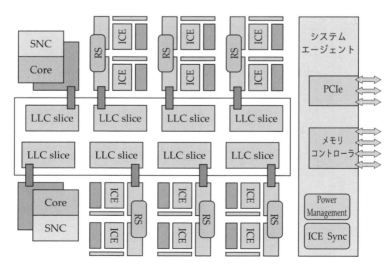

図 7.11　Spring Hill の構成

7.4.3　その他のクラウド用途の AI アーキテクチャ

このようなクラウド用途の AI プロセッサ開発の動きは何も Google だけではなく、たとえば Amazon は AWS Inferentia、Baidu（百度）は Kunlun（崑崙）を開発している。これらをまとめて**表 7.1** に示す。しかし、これらの専用チップは、詳細が不明であるものが多い。クラウドで推論を行うチップは、ユーザに対しては Tensorflow などのプログラミングプラットフォームの形で提供され、直接プログラムする必要がなく、内部構造を公開する必要がないためである。

このように Google, Amazon をはじめとするクラウドを運用する巨大企業が、自ら AI 用途の領域特化型アーキテクチャの開発を始めているのは特筆に値する。ビッグデータを活用し、将来の AI の市場を押さえるためには、独自の領域特化型アーキテクチャを開発することでライバルに差を付ける必要があるようだ。

表 7.1　クラウド（エンタープライズ）用 AI アーキクチャ

開　発	名　称	構成方式	用　途
Google	TPU（Tensor Processing Unit）	システトリックアレイ	v2 以降は認識、学習に対応
Intel	Spring Crest/Lake Crest	専用プロセッサの MIMD/NORMA	学習に特化
Intel	Spring Hill	専用プロセッサの CC-NUMA	推論に特化
Microsoft	BrainWave	Intel の FPGA（7.6 参照）	FPGA 内のロジックによりどちらも可能
Amazon	AWS Inferentia	不明	推論中心だが学習も可能
Baidu	Kunlun（崑崙）	不明	推論用と学習用
アリババ	HanGuang（含光）	不明	推論用

7.5　エッジ用途の AI チップ

これまで紹介したクラウド用 AI チップに対して、ビデオ、ロボット、車載などに組み込まれて利用されるエッジ用途のアクセラレータは、低消費電力、低コスト、目的に特化した性能が要求される。クラウド用には学習、認識ともに要求されるのに対して、エッジ側は認識のみ可能であればよいため、これに特化した、より専用化された構成を持っている。現在、

さまざまな特徴を持つ AI チップが各社より発表されているが、多くは内部が公表されておらず、詳細が不明なものも多い。中には全く内部構造がわからないものもある。ここではアーキテクチャが比較的公開されているものをいくつか紹介する。

7.5.1　Intel Mobidius Neural Compute Stick 2（NCS 2）

　Intel は、2016 年 に Mobidius を 買 収 し、2017 年 に USB メ モ リ ス ティックの中に同社の Myraid-2 ［Moloney14］を搭載した NCS（Neural Compute Stick）を発表し、2019 年にはさらに進んだ Myraid-X を搭載した NCS 2 を発表した。**図 7.12** に NCS 2 の写真を示す。

図 7.12　Intel NCS2

　このスティック型の AI チップは価格が安く（1 万円前後）、ホストの USB スロットに挿せば、アクセラレータとして利用可能という点で画期的なエッジ型アクセラレータである。

　Myraid-2 は、Mobidius の画像処理用プロセッサで、八つの VLIW 型計算モジュールを持つ SHAVE と呼ばれる計算ユニット 12 個と、SIPP と呼ばれるアレイ構造を持つアクセラレータを搭載している。画像処理、映像処理、CNN で性能を発揮する構造を持っており、プログラマは、OpenVINO と呼ばれるツールキットを用いる。スティックを複数挿した場合の制御も考慮されている。

7.5.2　Google Edge TPU

　7.4 節で紹介した TPU をエッジ展開したチップで、Coral Dev board ［Web:ETPU］と呼ばれる小型のボードに搭載されたもの（**図 7.13**）と、NCS 同様に USB に接続する形の Coral USB accelerator が販売されてい

る。Coral は Edge TPU を用いたファミリー名（ブランド）である。内部構成は公開されていないが、TPU を認識用途に特化することで簡単化した構成であると考えられる。

図 7.13　Google Edge TPU

7.5.3　Xilinx VERSAL

7.6 節で紹介する FPGA を主導してきた Xilinx は、2019 年に従来の FPGA の発展形となる新しいデバイスの概念として **ACAP**（Adaptive Computing Acceleration Platform）［Ahmad19］を提唱した。

図 **7.14** に示す ACAP デバイスシリーズの Versal チップは CPU（Scalar Engine）、FPGA（Adaptable Engine）、AI 用のマルチコア（AI Engine Array）を組み合わせた高性能かつ柔軟な AI 用アクセラレータプラットフォームである。Scalar Engine は演算用の ARM プロセッサ Cortex-A72 を 2 個、リアルタイム制御用の Cortex-R5 を 2 個搭載し、Adaptable Engine は現在の FPGA の上位機種に匹敵するロジックブロックを持つ FPGA である。

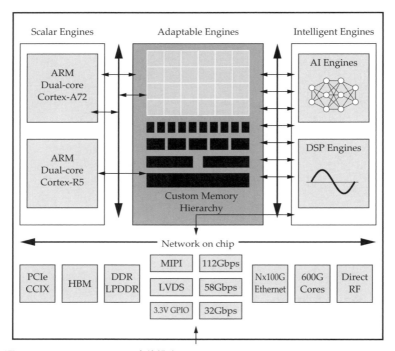

図 7.14　Xilinx VERSAL の全体構成

　VERSAL の最も大きな特徴は、2 次元のアレイ状の MIMD/NORMA
型のアーキテクチャである AI Engine Array である。それぞれの AI
Engine は図 7.15 に示すように、スカラユニット、固定小数点 SIMD ベク
トルユニット、浮動小数点 SIMD ベクトルユニットが、16 KB の命令メモ
リ、32 KB のデータメモリに接続された構成を持つ強力な VLIW プロセッ
サであり、単独で一定の粒度のタスクを実行することができる。

　AI Engine の特徴は、縦横のネットワークを用いて互いに密結合されて
おり、Scalar Engine, Adaptable Engine ともに強力な Network-on-Chip
で接続されている点である。この強力なネットワークを利用して、アプリ
ケーションのデータフローをアレイ上に割り当て、データの到着とともに
演算を駆動するデータフロー的な計算を行う。将来の自動運転の制御を主
目的にしており、既に自動車メーカーと協力してアプリケーションの実装
に入っている。

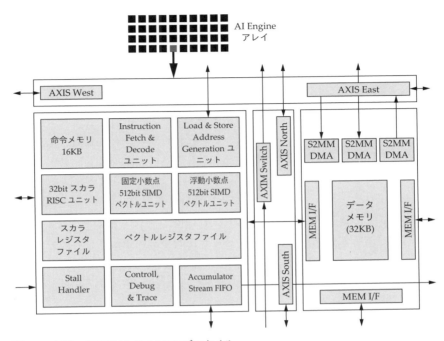

図 7.15　Xilinx VERSAL の AI エンジンタイル

7.5.4　その他のエッジ向け AI 用アクセラレータ

　エッジ向け AI 用アクセラレータは、AI 用途の需要の拡大により、開発資金調達が容易になっている。このため、主としてベンチャー企業が、今まで研究レベルであったアーキテクチャを大胆に採用している。以下は、前者はロジックインメモリとして、後者はアナログ方式の実現例として注目される。**表 7.2** に代表的な製品を示す。

表 7.2　エッジ用 AI アクセラレータ

開　発	製品名	構　成	用　途
Intel	NCS2	VLIW 型のプロセッサの UMA ＋画像処理用アレイ	推論
Google	Edge TPU	TPU の下方展開ならばシストリックアレイ	推論
Xilinx	VERSAL	MIMD/NORMA の AI 用アレイ＋FPGA	推論を中心に広い範囲をカバー

開　発	製品名	構　成	用　途
Gyrfalcon	Lightspeeur 5801/2803	ロジックインメモリ	推論
Mythic	IPU	フローティングゲートを用いたアナログ計算アレイ	推論

（1）Gyrfalcon Lightspeeur 5801/2803

CNN-DSA と呼ぶ SRAM と PE から成る 2 次元プロセッサアレイ構造により CNN を高速に実行するアクセラレータである［Sun18］。5801 は2 万 8 千ノードを持ち、全体として 10 MB のメモリを有する。メモリの中にプロセッサが入り込んでいるロジックインメモリに近い構造を持つ。

ロジックインメモリは、メモリに近い部分に多数のプロセッサを設けることで、メモリとプロセッサの間の転送ボトルネックを被ることなく演算を行わせる方式である。大容量のメモリに対する大量演算を実現するため、DRAM を使う提案が多いが、この製品は SRAM を使い、2.8 TOPSの全体演算性能を 224 mW で実現する。最初のモデルの 2801 は Intel NCS 同様、USB メモリスティックの形で販売された。

（2）Mythic IPU

Mythic の IPU（Intelligence Processing Unit）は行列積和演算の重みをフラッシュメモリ中の電荷を調整して記憶する方式［Fick19］を開発し、商用化に成功した。

この原理は非常に単純である。CNN の畳み込み演算で主要な演算を占める行列ベクトル積は、**図 7.16** に示すように重み行列と入力データの積であり、重み行列は学習によって決まり、認識処理中には変化しない。IPU は、この重みをフラッシュメモリで用いるフローティングゲート中の電荷量により記憶し、全体の電流量の和をディジタル値に変換するアレイを持っている。これは一種のアナログ演算器で、ディジタル演算器に比べて多量の重みデータを記憶可能で、低電力で演算を行うことが可能である。重み行列との積和以外は通常のディジタル回路で行うため、全体としてアナログ・ディジタルの混載チップとなっている。

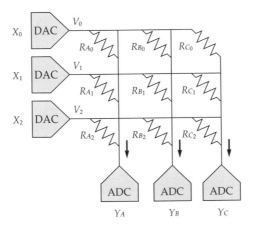

図 7.16　**Mythic ICU** のアナログ積和演算ユニット

　フローティングゲート中の電荷で抵抗を制御する方法は、精度の制御が難しく、温度による変動なども問題となる。現状では重みデータは一定の時間（1 日単位）で補正ソフトウェアを用いて調整した値を書き込み直す必要がある。

7.6　アクセラレータとしての FPGA

7.6.1　FPGA とは?

　FPGA（Field Programmable Gate Array）［天野 16］は、書き換え可能なロジック素子の一種で、汎用ディジタル回路としてさまざまな用途で用いられている。**図 7.17** に示すように **LUT**（Look Up Table）と呼ぶ一種の真理値表の出力にフリップフロップ（Flip-Flop：FF）を論理ブロックとし、この間に配線を張り巡らす。配線の交点、配線と論理ブロックの間には、トランジスタ 1 個から成る簡単なスイッチブロックを置き、この ON/OFF により、論理ブロック間に任意の配線を実現する。

　LUT の内容、スイッチの ON/OFF は、チップに内蔵された SRAM 上のデータにより決まる。これを構成情報（Configuration Data）と呼ぶ。構成要素を書き換えることにより、任意のディジタル回路をチップ上に実現できる。

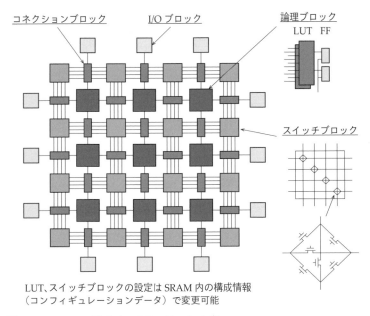

コネクションブロック　　　I/O ブロック　　　　論理ブロック
　　　　　　　　　　　　　　　　　　　　　　LUT　FF

スイッチブロック

LUT、スイッチブロックの設定は SRAM 内の構成情報
（コンフィギュレーションデータ）で変更可能

図7.17　FPGA の構成（アイランドスタイル）

FPGA は、かつては専用ディジタル IC（Application Specific IC：
ASIC）を設計する際のプロトタイプや、実験用のディジタル IC として
用いられたが、1990 年代から急激に発展を遂げ、汎用ロジック素子とし
て広く利用されるようになった。最近の FPGA は、1000 万ゲートにお
よぶ論理ゲート、数十 Mbit の組み込みメモリ、積和演算を高速に行う
DSP（Digital Signal Processing）ユニット、ARM を代表とする組み込
み CPU、高速シリアルリンク、PCI Express や Ethernet などの標準イン
タフェース、DRAM コントローラなどの組み込み回路を備えた強力なプ
ラットフォームとして、あらゆるディジタル機器に利用されるようになっ
た。

7.6.2　リコンフィギャラブルシステム

FPGA は問題の解法アルゴリズムを直接ハードウェア化することによ
り、一種のアクセラレータとして用いることができる。このようなシステ
ムをリコンフィギャラブルシステム、カスタムコンピューティングマシン

と呼び、1990年代以降に研究が行われ、ネットワーク制御、暗号、復号処理、パターンマッチング、バイオインフォマティクス、ニューラルネットワーク、ビッグデータ処理、株式仲買システムなど、さまざまな分野で利用されるようになった。

　Intelは2014年、Xilinxと並んでFPGA業界をリードしてきたAlteraを買収して傘下に収め、アクセラレータとして本格的な利用を開始した。現在、FPGAは浮動小数点演算用のDSPを備え、GPUに匹敵する演算能力、巨大な組み込みメモリを持つものも現れ、OpenCLの記述から**高位合成**（High-Level Synthesis：**HLS**）を用いて構成情報を自動的に生成するソフトウェア環境を持つに至った。これらのFPGAには、GPU同様にホストCPUとPCI Expressなどのバスで接続されるものもある。一方、FPGA内にARMプロセッサを搭載し、これをホストとして働かせるスタンドアローンなチップ（これをFPGA業界ではSystem-on-a-Chip（SoC）と呼ぶ）もあり、エッジ用途に利用されている。

7.6.3　マルチFPGAシステム

　2014年にMicrosoftは**Catapult**［Putnum14］プロジェクトを開始し、同社のデータセンターのWeb検索アプリケーションBingに多数のFPGAを用いた専用システムCatapult V1/V2を導入した。**図7.18**はこのうち最も初期のCatapult V1の構成を示す。FPGAボードどうしが専用のリンクで接続されており、ランキング評価の処理がデータの流れる順番にパイプライン的に実行されていく。この方法を**ストリーム処理**、あるいは**データフロー型の処理**と呼ぶ。同社は、後に、このマルチFPGAシステムでの成功をベースに、AI用途にシフトしたBrainWave［Fowers18］を発表した。

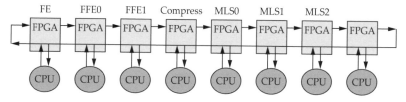

Rank computation for Web search on Bing.
Task Level Macro-Pipelining (MISD)
FE: Feature Extraction   FFE: Free Form Expression: Synthesis of feature values
MLS: Machine Learning Scoring   FPGA: Intel Stratix V

8×6 の 2 次元メッシュ構成
V1 の 10Gbps ネットワークは、V2 では 40Gbps にグレードアップ

図 7.18   Microsoft Catapult V1

FPGA は、ハイエンドの製品（たとえば Xilinx 社 Virtex Ultrascale+）に比べて、ミッドレンジの製品（たとえば Xilinx 社 Kintex Ultrascale）のほうが性能価格比が優れており、ハイエンド同様に高速シリアルリンクを数多く持っている。このシリアル I/O を用いて多数のミッドレンジの FPGA を直接接続することで、コスト性能比と拡張性に優れたマルチ FPGA システムを構築することが可能である。

NEDO プロジェクトの成果であり、CREST プロジェクトで開発が続けられている **FiC**（Flow-in-Cloud）［Sun20］はこの一つであり、PALTEK から M-Kubos として商品化されている［Web:PALTEK］。ヨーロッパでは EuroExa プロジェクト［Web:EuroExa］が同じくシリアルリンクを用いて多数の FPGA を接続したスーパーコンピュータを構築している。

7.6.4   FPGA を用いたアクセラレータの特徴

FPGA は、ハードウェアアルゴリズムを直接搭載できることから、GPU に比べてデータ構造が複雑な処理にも対応できる。また、ネットワーク制御にも用いられることから、転送されるデータを直接処理できる利点がある。さらに任意のデータ幅に対応し、演算ステップの途中でデータ幅を変えることもできる。この点はディープラーニングによる認識処理に有利で、データビット幅を短くしても精度が確保できる。電力消費の点でもほかのアクセラレータに比べて優れており、入出力回路とアクセラレータを単一チップ内で混載できることから、エッジ用途、すなわち、ロ

ボットや車などに組み込まれて利用する場合に有利である。

　FPGAを用いたアクセラレータの問題点は、プログラミング環境にある。ハードウェア記述言語HDLから高位合成HLSに設計手法が移ることにより、一般的なプログラマが利用することが可能になったとはいえ、その設計時間は、ほかのアクセラレータよりもけた違いに大きい。

　FPGA上でアプリケーションを動作させるための設計は、依然として、ソフトウェアのプログラミングではなくハードウェア設計である。論理合成、圧縮、配置配線の工程はそれぞれ時間を要し、大規模なチップでは時に数時間では終わらず1日を越える場合がある。通常数分で終了するCUDAのコンパイルとは比べ物にならない。このため、アクセラレータとしてのFPGAは、単純にFPGAをホストに接続するだけでなく、一般ユーザの使えるプログラム環境、たとえばディープラーニングにおけるTensorFlowやCaffeなどといった環境をあらかじめ用意しておく必要がある。あるいは、FPGA上の論理回路を使ってプログラムを実行可能な並列システムを搭載することでこの問題を解決する手法もある。このような手法を**オーバレイアーキテクチャ**と呼ぶ。

7.6.5　CGRA

　FPGAはLUTなど細かい（Fine Grained）構成要素を用いるが、その代わりにALUやレジスタのレベルのやや大きな（Coarse Grained）構成要素を用いてアレイをつくる方式を**CGRA**（Coarse Grained Reconfigurable Array）と呼ぶ。

　CGRAは、FPGAよりも汎用性に欠けるが、演算目的にはエネルギー効率、面積効率に優れている。CGRAには、構成情報のセット（**ハードウェアコンテキスト**と呼ぶ）を複数持っていてこれを頻繁に切り替えるダイナミックなものと、一度設定したら、一定の処理が終わるまで切り替えないスタティックなものに分類される。ルネサスエレクトロニクスのDRP/STPエンジン、SamsungのSRP、日本計器のDAPDNA-2などの商品があり、盛んに研究が行われたが、広く使われるには至っていない[末吉05]。

7.7　スーパーコンピュータ

　スーパーコンピュータは、大規模な科学技術計算用の領域特化型アーキテクチャとして考えることができる。「世界で最速のコンピュータは何か？」という単純な問いは誰にとっても関心があることであり、開発のためには国の予算が大量に導入される。さらには国家戦略とも関連することでマスコミに取り上げられることが多い。

　気象、薬学、バイオ、天体物理、構造計算など多くの科学技術分野にスーパーコンピュータユーザがおり、全体としてスーパーコンピューティングという一つの学問領域を形成している。日本は全体としてコンピュータ産業が衰退しているのに対して、日本製のスーパーコンピュータはTop10の中にランキングされており、研究者も多い。専門的なもの、そうでないものを含め多数の著作があるため、ここでは、アーキテクチャに関連のある部分のみを紹介したい。

7.7.1　基本知識

　スーパーコンピュータのランキングは、年間2回以下の国際学会で発表され、Web上で常に見ることができる［Web:Top500］。

- ACM/IEEE Supercomputing Conference：11月に北米で開催。Top500、Green500、Godon Bell賞などが発表される。
- International Supercomputing Conference：6月にヨーロッパで開催。Top500、Green500が発表される。

　スーパーコンピュータのランキングTop500は、LINPACKと呼ばれる行列演算のカーネル（プログラム核）の実行時間により決まる。1章で紹介した通り、ウィークスケーリングを使うため、対象行列のサイズはいくら大きくしても良い。この評価方式は、対象問題が単純すぎ、計算性能重視でメモリ性能やインターコネクト性能がうまく評価できないという問題はあるものの長年使われており、単純でわかりやすいという利点がある。

　しかし、LINPACKにより測定した性能はある意味で、非専門家向け、マスコミ向けのものである点に注意が必要である。スーパーコンピュータの現実的なベンチマークは、HPC Challengeをはじめとして数多くのプ

ログラムが使われており、専門家はそちらの結果により各マシンの性能を多方面に吟味している。Green500 は、Top500 に入る性能を達成したものの中でエネルギー効率の良さを競う。

7.7.2　アーキテクチャ上の特徴

　大規模な行列を扱う計算では、キャッシュのヒット率が低くなるため通常の PC やサーバで用いられるコンピュータでは性能が低下する。スーパーコンピュータは、伝統的にこのような問題に対処できるメモリシステムを持ち、ベクトル計算ユニットなどキャッシュに頼らなくても性能が維持できるプロセッサを持っていた。しかし、近年、PC やサーバ用のコンピュータは、メモリシステム全体の総転送能力が強力になり、その差は小さくなっている。このため、スーパーコンピュータは、多数のプロセッサによる大規模な並列処理により高速性を実現するようになった。2020 年6 月の Top10 を**表 7.3** に示す。1 位に輝いた日本の富岳は、700 万を超えるコア数を持ち、415.5 PFLOPS を実現している。

表 7.3　2020 年 6 月のトップ 10 ［Web:Top500］

名　称	国	構　成	タイプ	コア数	性　能 〔TFLOPS〕
Fugaku	日本	A64FX 48C, Tofu Interconnect（6 次元トーラス）	1	7,299,072	415,530.0
Summit	米国	IBM Power + NVIDIA Volta GV100	2	2,414,592	148,600.0
Sierra	米国	IBM Power + NVIDIA Volta GV100	2	1,572,480	94,640.0
Sunway TaihuLight	中国	Sunway MPP 10,649,600	1	10,649,600	93,014.6
Tianhe-2A	中国	Intel Xeon E5-2697V2+ Matrix2000	2	4,981,760	61,444.5
HPC5	イタリア	Power Edge C4140（Xeon Gold 6252 24C）、NVIDIA Tesla V100	2	669,760	35,450.0
Selene	米国	DGX A100 SuperPOD（AMD EPYC7742）, NVIDIA A100	2	272,800	23,516.4
Frontera	米国	Intel Xeon Platinum 8280	3	448,448	23,516.4
Marconi-100	イタリア	IBM Power System SC922, NVIDIA Volta V100	2	347,776	21,640.0

名　称	国	構　成	タイプ	コア数	性　能〔TFLOPS〕
Piz Daint	スイス	Intel Xeon E5-2690v3 + NVIDIA Tesla P100	2	387,872	21,230.0

現在のスーパーコンピュータは以下の三つのタイプに分類できる。

（1）専用 CPU を多数用いるホモジーニアス型

共有メモリを持つ NUMA 型が多い。結合網は、専用 CPU と密結合した多次元トーラス型が多い。2020 年 6 月現在、世界一の性能を実現した「富岳」や 2011 年に世界一を達成した「京」、中国の Sunway TaihuLight、米国の IBM Blue Gene/Q などがこれにあたる。共有メモリがあるため使いやすく、さまざまな問題に対応でき、実効性能も高い。とはいえ、専用 CPU 開発のコストは大きく、2020 年 6 月の時点では Top10 のうち 2 つしか含まれていない。

（2）アクセラレータを装備するヘテロジーニアス型

それぞれのノードがアクセラレータを装備し、全体としては NORMA 型になる。アクセラレータは中国製のメニーコアアクセラレータ Matrix-2000 を用いる Tianhe-2A を除き 6 機種が NVIDIA 社の GPU を用いている。InfiniBand を用いて Fat Tree や Dragonfly などハイラディックスの間接網を利用する場合が多い。エネルギー効率に優れており、（1）に比べて低コストで高性能を実現できる。一面、プログラミング、チューニングは難しくなる。国産スーパーコンピュータで 2019 年には国内トップの性能を持ち、AI 分野を指向した ABCI もこの方式に分類される。

（3）汎用 CPU を用いるクラスタ型

5 章で紹介した NORMA のクラスタ型。強力なサーバ用の CPU を多数接続する。接続は（2）同様にハイラディックスの間接網を用いる。実現は（2）（3）より容易だが、エネルギー効率は（2）より低く、（1）に比べて共有メモリがない分、プログラミングは難しい。比較的容易に製作できるため、実際に使われている機種は多いが、Top10 にランクインし

ているのは一つだけである。

7.7.3　日本のフラグシップマシン

　日本は、1990年代からスーパーコンピュータのフラグシップマシンを国家予算で開発し、JAXAの数値風洞、筑波大学のCP-PACS、海洋研究開発機構の地球シミュレータが数年おきにトップ1を達成し、2011年には理研の「京」が、2020年には同じく理研の「富岳」が1位に輝いている。

　これらは広い分野で高い性能を比較的容易に達成する（1）の方式を採用している。このため、日本のフラグシップマシンは、物理学、薬学、気象学、天文学、バイオインフォマティクスの分野で広く用いられ、科学の発展と人類の福祉に貢献している。特に富岳は、当時から富士通以外ではあまり使われていなかったSPARCアーキテクチャに代わり、国際的に広く普及しているARMをベースにしており、AI用の拡張命令、ベクトル命令を装備し、広い範囲で簡単に使えるように設計されている。他国のスーパーコンピュータと違って完全に平和的利用目的でさまざまな研究者に利用の機会を設け、地球温暖化の解析や地震による津波の解析など、民間では行うことのできない分野で性能を発揮する。

　また、独自のプロセッサを開発することにより、トップレベルのデバイス、実装、アーキテクチャ、システム、コンパイラ、アプリケーション技術が維持され、開発企業（最近は富士通）は、これをもとにした製品を販売し、知名度を高めている。このように、日本のフラグシップマシンは、「皆が幸福」になるマシンであり、これがほかのTop10のマシンに比べてけた違いの開発費を掛けて開発する理由となっていた。京の開発時に事業仕分けにより予算が削減されそうになった際に、科学技術のほとんど全分野がこれに反対し、予算を守ったのはこのためである。

　しかし、富岳以降、従来方針でフラグシップマシンの開発を継続するのは困難になりつつある。これは以下の理由による。

- GPUなどのアクセラレータの発達により、一時代前のスーパーコンピュータに匹敵する能力が研究室レベルで比較的容易に利用可能になった。

- スーパーコンピュータの性能がいくら高くなっても、その全性能を利用しなければ解けないような挑戦的な科学技術分野の問題は存在し、新たに産み出されるだろう。しかしその領域は確実に狭くなっていき、絶対的な必要性は減ってくる。
- 先端プロセスを用いたプロセッサの開発費はプロセス技術が進めば進むほど大きくなっていく。

　以上の点から、広い問題領域に対して高い性能を持つフラグシップマシンを独自のプロセッサから開発するよりも、対象とする問題ごとに、領域特化型のアクセラレータを用いて必要な計算能力を達成するほうが有利になってくる。

　しかし、広い分野で性能が出せないと「皆が幸福」になるフラグシップマシンの条件が壊れてしまう。たとえば、先に紹介した AI 分野に特化した ABCI は AI の研究分野で業績を挙げているが、Google や Amazon などビッグデータとクラウドを握り、自ら領域特化型のチップをつくる企業に比べて、これらを持たない点で圧倒的なハンディキャップを負っている。また、本来、計算力の需要がある分野では、わざわざ国が大金を投じてスーパーコンピュータを作る必要はない。

　今後、この分野の舵取りは難しいものとなる。「富岳」の輝かしい成功の後に、どのようにこの分野が変わっていくかが注目される。

参考文献

はじめに

［天野 96］天野英晴：並列コンピュータ、昭晃堂、1996。

［HH12］David M. Harris and Sarah L. Harris, "Digital Design and Computer Architecture," 2nd ed., Morgan Kaufmann Publishers, 2013.（天野英晴・鈴木貢・中條拓伯・永松礼夫（訳）：ディジタル回路設計とコンピュータアーキテクチャ、翔泳社、2017。ほかに ARM edition と邦訳がある）

［HP17］John L. Hennessy and David A. Patterson, "Computer Architecture, a quantitative approach," 6th ed., Morgan Kaufmann Publishers, 2017.（中條拓伯・天野英晴・鈴木貢（訳）：コンピュータアーキテクチャ、定量的アプローチ、SiB Access、2019）

［PH17］David A. Patterson and John L. Hennessy, "Computer Organization and Design, The Hardware/Software Interface, RISC-V edition," Morgan Kaufmann Publishers, 2018.（成田光彰（訳）：コンピュータの構成と設計、ハードウェアとソフトウェアのインタフェース、日経 BP、2014。ただし第 5 版 MIPS edition の訳）

第 1 章　並列コンピュータとは

［Colwell88］R. P. Colwell, R. P. Nix, J. J. O'Donnell, D. B. Papworth, and P. K. Rodman, "A VLIW architecture for a trace scheduling compiler," IEEE Trans. Computers, Vol. 37 (8), pp. 967-979, 1988.

［Flynn66］M. J. Flynn,"Very high-speed computing systems," in Proc. IEEE, Vol. 54 (12), pp. 1901-1909, 1982.

［Kung82］H. T. Kung, "Why Systolic Architectures?," Computer Magazine, Vol. 15 (1), pp. 37-46, 1982.

［Sharangpani2000］H. Sharangpani and H. Arora, "Itanium processor microarchitecture," IEEE Micro, Vol.20 (5), pp. 24-43, 2000.

[TS16] Andrew S. Tandenbaum and Maarten V. Steen, "Distributed Systems, Principles and Paradigms," 2nd ed., Pearson Education, 2014.

[WH11] Naill H. E. Weste and David M. Harris, "CMOS VLSI Design," 4th ed., Addison-Wesley, 2011.（宇佐美・池田・小林（監訳）：CMOS VLSI 回路設計、丸善出版、2013）

第 2 章　集中メモリ型並列コンピュータ

[Amano89] H. Amano, T. Terasawa, and T. Kudoh, "Cache with synchronization mechanism," in Proc. IFIP 11th World Computer Congress, pp. 1001-1006, 1989.

[Archibald86] J. Archibald and J.-L. Baer, "Cache-Coherence Protocols: Evaluation Using a Multiprocessor Simulation Model," ACM Trans. Computer Systems, Vol.4 (4), pp. 273-298, 1986.

[Eggers89] S. J. Eggers and R. H. Katz, "Evaluating the Performance of Four Snooping Cache Coherency Protocols," in Proc. ISCA89, pp.2-15, 1989.

[Goodman83] J. R. Coodman, "Using Cache Memory to Reduce Processor-Memory Traffic," in Proc. ISCA83, pp. 124-131, 1983.

[Karlin86] A. R. Karlin, M. S. Manasse, L. Rudolph, and D. D. Sleator, "Competitive Snooping Caching," In Proc. 27th Annual Symposium of Foundations of Computer Science, 1986.

[Katz85] R. H. Katz, et al., "Implementing a cache consistency protocol," in Proc. ISCA85, pp. 276-283, 1985.

[Papamaros84] M. S. Papamaros and J. H. Patel, "A low-overhead coherence solution for multiprocessors with private cache memories," in Proc. ISCA84, pp. 348-354, 1984.

[Stemstorm90] P. Stenstrome, "A survey of cache coherence Schemes for Multiprocessors," IEEE Computer, Vol. 23, No. 6, pp. 12-24, 1990.

[Sweazey86] P. Sweazey and A. J. Smith, "A Class of Compatible Cache Consistency Protocols and their Support by the IEEE Futurebus," in Proc. ISCA86, pp. 414-423, 1986.

[Thacker88] C. P. Thacker, L. C. Steward, and E. H. Satterhwaite Jr., "Firefly: A multiprocessor Workstation," IEEE Trans. Comput., Vol.37 (8), pp. 909-920, 1988.

第 3 章　共有メモリを用いた並列プログラム

［片桐 15］片桐孝洋：並列プログラミング入門　サンプルプログラムで学ぶ OpenMP と OpenACC、東京大学出版会、2015。

［松本 91］松本尚："Elastic Barrier: 一般化されたバリア型同期機構," 情報処理学会論文誌 , Vol.32 (7), pp. 886-896, 1991.

［Gupta89］R. Gupta, "The Fuzzy Barrier: A Mechanism for High Speed Synchronization of Processors," in Proc. ASPLOS III, pp. 54-63, 1989.

［PW18］D. Patterson and A. Waterman, "The RISC-V Reader: An Open Architecture Atlas," 2017.（成田（訳）：RISC-V 原典、日経 BP 社、2018）

第 4 章　分散共有メモリ（NUMA）

［Adve90］S. V. Adve and M. D. Hill, "Weak Ordering - A New Definition," in Proc. ISCA90, pp. 2-14, 1990.

［Agarwal88］A. Agarwal, R. Simoni, J. Hennessy, and M. Horowitz, "An Evaluation of Directory Schemes for Cache Coherence," in Proc. ISCA88, pp. 280-289, 1988.

［Chaiken91］D. Chaiken, J. Kubiatowicz, and A. Agarwal, "LimitLESS Directories: A Scalable Cache Coherence Scheme," in Proc. ASPLOS IV, pp. 224-234, 1991.

［Gharachorloo91］K. Gharachorloo, A. Gupta, and J. Hennessy, "Performance Evaluation of Memory Consistency Models for Shared-Memory Multiprocessors," in Proc. ASPLOS IV, pp. 245-257, 1991.

［James90］D. V. James, A. T. Laundrie, S. Gjessing, and G. S. Sohi, "Distributed - Directory Protocol," IEEE Computer, Vol. 23 (6), pp. 78-80, 1990.

［Lenoski92］D. Lenoski, et al., "The Stanford DASH Multiprocessor," Computer, Vol. 25 (3), 1992.

［Michael99］M. M. Michael and A. K. Nanda, "Design and performance of directory caches for scalable shared memory multiprocessors," in Proc. HPCA99, 1999.

第 5 章　クラスタ・NORA（NORMA）

［片桐 13］片桐孝洋：スパコンプログラミング入門　並列処理と MPI の学習、

東京大学出版会、2013。

［Barron83］L. M. Barron, P. J. Cavill, M. D. May, and P. J. Wilson, "The transputer," Electronics, 1983.

［Barroso13］L. A. Barroso, J. Clidaras, and U. Hoelzle, "The Datacenter as a Computer: An Introduction to the Design of Warehouse-Scale Machines," 2nd ed., Morgan Claypool Publishers, 2013.（Hisa Ando（訳）：クラウドを支える技術　データセンターサイズのマシン設計法入門、技術評論社、2014）

［Bershad93］B. N. Bershad, M. J. Zekauskas, and W. A. Sawdon, "The Midway distributed shared memory system," Digest of Papers. The 39th IEEE COMPCON Spring, 1993.

［Hoare85］C. A. R. Hoare, "Communicating Sequential Processes," Prentice Hall, 1985.

［Koibuchi05］M. Koibuchi, K. Watanabe, T. Otsuka, and H. Amano, "Performance evaluation of deterministic routings, multicasts, and topologies on RHiNET-2 cluster," IEEE Trans. Parallel Distrib. Syst., Vol. 16 (8), 2005.

［Kontothanassis95］L. I. Kontothanassis, M. L. Scott, and R. Bianchini, "Lazy Release Consistency for Hardware-Coherent Multiproecessors," in Proc. 1995 ACM/IEEE Supercomputing, 1995.

［Li86］K. Li, "Shared Virtual Memory on Loosely Coupled Multiprocessors," Ph.D. Thesis, Yale University,1986.

［May83］M. D. May, "Occam," ACM SIGPLAN Notices, Vol. 18 (4), 1983.

［Paul10］Paul Grun, "Introduction to Infiniband for end users," Infiniband Trade Association, 2010.

［Recio17］R. Recio, et al., "A Remote Direct Memory Access Protocol Specification," RDMA Consortium, 2017.

［Starling01］T. Sterling, "Beowulf Cluster Computing and with Windows," MIT Press, 2001.

第 6 章　相互結合網

［Ajima09］Y. Ajima, S. Sumimoto, and T. Shimizu, "Tofu: A 6D Mesh/Torus Interconnect for Exascale Computers," Computer, Vol. 42 (11), 2009.

［Besta14］M. Besta and T. Hoefler, "Slim Fly: A Cost Effective Low-Diameter Network Topology," ACM/IEEE Supercomputing 14, 2014.

[DT07] W. J. Dally and B. Towles, "Principles and Practices of Interconnection Networks," Morgan Kaufmann Publishers, 2007.

[DYN03] J. Duato, S. Yalamanchili, and L. Ni, "Interconnection Networks: An Engineering Approach," Morgan Kaufmann Publishers, 2003.

[Ebrahimi17] M. Ebrahimi and M. Danashtalab, "EbDa: A new theory on design and verification of deadlock-free interconnection networks," ISCA, 2017.

[Kim08] J. Kim, W. J. Dally, S. Scott, and D. Abts, "Topology Driven, Highly Scalable Dragonfly Topology," ISCA, 2008.

[Kim07] J. Kim, J. Balfour, and W. J. Dally, "Flatten Butterfly Topology for On-Chip Networks," IEEE Computer Architecture Lett., Vol. 6 (2), 2007.

[Koibuchi12] M. Koibuchi, H. Matsutani, H. Amano, D. F. Hsu, and H. Casanova, "A case for random shortcut topologies for HPC interconnects," ISCA12, 2012.

[Singh16] A. Singh, et al., "Jupiter rising: a decade of CLOS topologies and centralized control in Google's datacenter network," ACM SIGCOMM, Comput. Commun. Rev., Vol. 59 (9), 2016.

[Web:Golf] http://research.nii.ac.jp/graphgolf/

[Web:Matsutani] http://www.arc.ics.keio.ac.jp/

第7章　アクセラレータ

[青木09] 青木尊之・額田彰：はじめての CUDA プログラミング、工学社、2009。

[天野16] 天野英晴（編）：FPGA の原理と構成、オーム社、2016。

[末吉05] 末吉敏則・天野英晴（編著）：リコンフィギャラブルシステム、オーム社、2005。

[Ahmad19] S. Ahmad, et al., "Xilinx First 7nm Device: Versal AI Core (VC1902)," IEEE Hot Chip 31 symp., 2019.

[Fick19] L. Fick and D. Fick, "Introduction to Compute-in-Memory," Custom Integrated Circuits Conference (CICC), 2019.

[Fowers18] J. Fowers, et al., "A Configurable Cloud-Scale DNN Processor for Real-Time AI," ISCA18, 2018.

[HP17] John L. Hennessy and David A. Patterson, "Computer Architecture: A Quantitative Approach," 6th ed., Morgan Kaufmann Publishers, 2017.

［Jouppi17］N. P. Jouppi, et al., "In-datacenter performance analysis of a tensor processing unit," ISCA17, 2017.

［Kung82］H. T. Kung, "Why systolic architectures?," Computer, Vol. 15 (1), 1982.

［Moloney14］D. Moloney, et al., "Myriad 2: Eye of the computational vision storm," IEEE Hot Chips 26 symp., 2014.

［Owen08］J. D. Owens, et al., "GPU Computing," IEEE Proceedings, 2008.

［Putnum14］A. Punum, et al., "A reconfigurable fabric for accelerating large-scale datacenter services," ISCA14, 2014.

［Sun18］B. Sun, et al., "Ultra Power-Efficient CNN Domain Specific Accelerator with 9.3TOPS/Watt for Mobile and Embedded Applications," 2018 IEEE/CVF Conference on Computer Vision and Pattern Recognition Workshops, 2018.

［Sun20］Y. Sun and H. Amano, "FiC-RNN: A Multi-FPGA Acceleration Framework for Deep Recurrent Neural Networks", IEICE Trans. Inf. & Tech., 2020.

［Wechsler19］O. Wechsler, M. Nehar, and B. Daga, "Spring Hill (NNP-I 1000) Intel's Data Center Inference Chip," IEEE Hot Chips 31 symp., 2019.

［Yang19］A. Yang, "Deep Learning Training At Scale Spring Crest Deep Learning Accelerator," IEEE Hot Chips 31 symp., 2019.

［Yoshifuji16］N. Yoshifuji, et al., "Implementation and Evaluation of Data-Compression Algorithms for Irregular-Grid Iterative Methods on the PEZY-SC 2," 6th Workshop on Irregular Applications: Architecture and Algorithms (IA3), 2016.

［Web:ETPU］https://coral.ai/docs/devboard/datasheet/

［Web:EuroExa］https://euroexa.eu/

［Web:LeNet］http://yann.lecun.com/exdb/publis/pdf/lecun-99.pdf

［Web:MN3］https://projects.preferred.jp/mn-core/

［Web:PALTEK］https://www.paltek.co.jp/mcube/index.html

［Web:Top500］https://www.top500.org/lists/top500/

索 引

〈著者略歴〉

天 野 英 晴 （あまの　ひではる）

1983 年　慶應義塾大学大学院修士課程修了
1986 年　慶應義塾大学大学院博士課程修了
　　　　　工学博士
現　在　慶應義塾大学理工学部情報工学科教授

〈主な著書〉
『ヘネシー & パターソン コンピュータアーキテクチャ 定量的アプローチ（第 6 版）』（共訳 /SiB アクセス，2019）
『ディジタル回路設計とコンピュータアーキテクチャ　ARM 版』（共訳 /SiB アクセス，2016）
『FPGA の原理と構成』（編集 / オーム社，2016）
『だれにもわかる　ディジタル回路（改訂 4 版）』（共著 / オーム社，2015）
『マンガでわかるディジタル回路』（単著 / オーム社，2013）
『ディジタル回路設計とコンピュータアーキテクチャ』（共訳 / 翔泳社，2009）
『リコンフィギャラブルシステム』（共編 / オーム社，2005）

並列コンピュータ
―非定量的アプローチ―

2020 年 9 月 25 日　　第 1 版第 1 刷発行

著　　者　天 野 英 晴
発 行 者　村 上 和 夫
発 行 所　株式会社 オーム社
　　　　　郵便番号　101-8460
　　　　　東京都千代田区神田錦町 3-1
　　　　　電話　03(3233)0641(代表)
　　　　　URL　https://www.ohmsha.co.jp/

© 天野英晴 2020

印刷・製本　三美印刷
ISBN978-4-274-22571-0　Printed in Japan

本書の感想募集　https://www.ohmsha.co.jp/kansou/
本書をお読みになった感想を上記サイトまでお寄せください。
お寄せいただいた方には、抽選でプレゼントを差し上げます。

量子コンピュータで変わる世界は もう目の前に！

CONTENTS

このような方におすすめ

● 量子コンピュータの導入を検討している企業・機関の
技術者、システム開発者、商品開発にたずさわる方

● 量子コンピュータの研究にたずさわる
大学学部生、院生、研究者

● 10年後の社会の姿をおさえておきたいビジネスマン

● 量子コンピュータに興味はあるけど難しい本ばかりで
挫折してしまった方

● 先進的な取組みを行う企業に興味のある学生

寺部雅能・大関真之 共著

量子コンピュータが変える未来

定価＝本体1600円【税別】／四六判／346頁

量子コンピュータが変える未来

寺部雅能　大関真之　共著

もっと詳しい情報をお届けできます．
◎書店に商品がない場合または直接ご注文の場合も
右記宛にご連絡ください。

ホームページ　https://www.ohmsha.co.jp/
TEL／FAX　TEL.03-3233-0643　FAX.03-3233-3440

（定価は変更される場合があります）

B-1908-89